基于执行代价的
空间查询优化方法

程昌秀　宋晓眉　著

国家自然科学基金委优秀青年科学基金项目(41222009)
国家自然科学基金委面上项目(41271405)　　　　　　　资助
科技部 863 课题(2007AA120401)

科学出版社

北　京

内 容 简 介

空间查询优化方法研究对丰富空间数据管理的理论体系有重要意义。本书结合空间数据和空间操作的特殊性，系统阐述了作者团队在空间查询优化方面的相关研究成果，主要包括：启发式空间查询计划生成方法、空间属性一体化代价评估模型、累计 AB 直方图及其选择率估计方法，并在开源数据库平台 Ingres 中开展了相关技术实现和验证工作。

本书可作为空间数据库高级管理人员和研发人员的参考用书。

图书在版编目（CIP）数据

基于执行代价的空间查询优化方法/程昌秀，宋晓眉著. —北京：科学出版社，2015.5

ISBN 978-7-03-044450-9

Ⅰ.①基… Ⅱ.①程…②宋… Ⅲ.①地理信息系统-查询优化-最优化算法-研究 Ⅳ.①P208

中国版本图书馆 CIP 数据核字（2015）第 108313 号

责任编辑：彭胜潮　苗李莉 / 责任校对：张小霞
责任印制：徐晓晨 / 封面设计：铭轩堂

科 学 出 版 社 出版
北京东黄城根北街 16 号
邮政编码：100717
http://www.sciencep.com

北京教图印刷有限公司 印刷
科学出版社发行　各地新华书店经销

＊

2015 年 5 月第　一　版　　开本：787×1092　1/16
2016 年 8 月第二次印刷　　印张：9 3/4
字数：228 000

定价：69.00 元
（如有印装质量问题，我社负责调换）

前　　言

面对"大数据"时代数据管理的需求,信息领域推出了云存储、NoSQL 数据库、列数据库等多种解决方案。为了切实实现大地理数据的高效管理,地理信息领域还需针对空间数据的特殊性开展数据管理、查询优化等方面的研究。

数据库曾 4 次荣获计算机领域的最高奖(图灵奖),具有扎实的理论基础。在过去 30 多年间,数据库以其专业的数据管理能力及其出色的性能表现,推动了 Oracle、Sysbase、Ingres 等商业数据库产品的成熟与应用。在体量大、多样性强、速度快、价值密度高的"大数据"时代,关系数据库的相关理论显得有些复杂,但其对数据认识之深入、管理方法之完善还是值得品味和借鉴的。本书传承关系型数据库查询优化的方法与理论,结合空间数据体量大、结构复杂、运算(操作)代价昂贵等特点,阐述了我们在空间查询计划枚举、空间代价计算和空间选择率估计等关键环节的相关研究成果及其在开源数据库 Ingres 中的研发实现与实验,为空间查询优化方法的研究和应用提供新的理论依据。

本书共分 6 章,按下述逻辑撰写。第 1 章主要介绍空间查询优化的研究背景及理论依据,总体概括本书的主要研究目标和贡献。第 2 章介绍后续章节涉及的数据库内核的一些基本概念,介绍空间数据库的基本概念和相关理论,介绍数据库内核中查询优化的全过程,并简单剖析 Ingres 后台与查询优化相对应的各模块。第 3 章分析数据库常用查询计划枚举方法的优缺点,提出一种复合的空间查询计划生成方法,提出三种启发式减枝策略,避免不可行或低效计划的枚举;在 Ingres 内核中实现空间约束对的概念,并通过实验展示空间表与索引放置规则的有效性。第 4 章介绍关系型数据库的代价评估模型,展示空间查询案例在 Ingres 中的代价评估过程,通过实例表明关系代价模型忽略了空间选择率、空间扩展表读取、空间 CPU 代价等因素,直接导致查找最优查询计划的失败;此后,在传统评估模型框架下,第 4 章针对空间扩展表存储模式、空间索引、空间笛卡儿积、空间 KEY 连接以及空间 TID 连接等特殊性,扩展了相应的空间代价评估模型,形成了一套空间属性一体化代价评估模型;在 Ingres 中加入上述空间代价评估模型后,执行上述空间查询,结果表明,该模型能较为准确地给出空间查询的代价,在该模型的支撑下 Ingres 找到了一个更优的空间查询计划,提高了执行效率。针对第 4 章代价评估模型的一个重要输入参数——空间选择率,第 5 章首先介绍传统数据库中常见的选择率估计方法(直方图方法),但由于空间数据的多维性,导致传统属性直方图无法直接使用;目前有关空间直方图的研究尚不成熟,其中基于精细拓扑谓词的选择率估计、空间连接的选择率估计、空间直方图的推演等科学问题制约着空间直方图的发展和成熟;针对上述问题,本章提出了累计 AB 直方图,给出一系列空间查询操作的选择率估计方法以及直方图推演方法,并在 Ingres 中实验,实验表明累计 AB 直方图能有效地实现复杂空间查询的选择率估计，为空间 I/O 代价的评估奠定良好的基础。第 6 章总结本书的创新之处，展望未来可以继续开展的研究工作。

特别感谢国家自然科学基金委优秀青年科学基金项目(41222009)、面上项目(41271405)以及 863 课题(2007AA120401)的资助。在上述成果的研究过程中，感谢颜勋博士、姜平硕士参与的 Ingres 内核代码解析工作，感谢朱焰炉硕士对空间直方图的探索研究，感谢胡夏天硕士生为 AB 直方图相关实验付出的辛勤劳动，感谢崔珂瑾硕士、李晓岚硕士为整理空间数据模型的相关材料付出的辛勤劳动。本书由程昌秀、宋晓眉执笔，最后感谢杨山力硕士生、杨静硕士、Nikita 博士生为本书的编排和校对付出的辛勤劳动。

本书系统、全面地介绍我们近年来在空间数据库内核中的研究成果，希望能为后续从事空间数据库内核研究的人员奠定一些基础，提供一丝启发，希望国内空间数据库内核研究能走得更远、更坚实。此外，由于作者能力有限，书中难免存在疏漏和不妥之处，恳请读者不吝赐教。

目　　录

第1章 绪 论

1.1 背景与意义

位置信息服务是当今社会发展的重要方向(周成虎等，2011)，大量位置信息数据(空间数据)亟需高效的空间数据管理与查询方案。虽然空间数据管理水平在某种程度上依赖于计算机领域的技术革命，但是历次革命给我们留下最深刻的经验和教训往往是：计算机领域的技术革命常常会给 GIS(geographic information science)披上了时尚的外衣，时尚之后真正能沉淀下来的是地理信息人针对空间数据及其应用的特殊性，不断发展和积累下来的相关基础理论和方法，例如空间索引、9-交模型、影像金字塔等。

查询优化器是介于系统用户与操作系统间的一层用于提升查询性能的软件，是数据库管理系统的灵魂。由于空间数据具有数据量庞大、数据结构复杂、操作代价昂贵等特点，传统关系数据库的查询优化方法不能适应空间查询的需求，导致难以实现海量空间数据的高效检索和存取(龚健雅，2000)，因此，空间查询优化势必成为空间数据管理的难点和突破点(方裕等，2001)。近年来，国内外有些学者开展了一些研究工作，为空间查询优化的系统研究奠定了良好基础。但是，计算机领域查询优化理论相当复杂，其代码实现深入系统后台的内核，且与各种底层操作交错在一起，加大了空间查询优化研究的难度。本书结合空间数据、空间操作的自身特点，在计划枚举、代价计算和选择率估计等关键环节上，提出一系列基于代价的新优化策略和方法，发展了空间查询优化方法与理论基础，并在开源数据库 Ingres 中研发实现，为空间查询优化方法的研究和应用提供新的理论依据。

也许有读者会质疑：随着云存储、NoSQL 数据库的出现，目前数据管理技术已呈现百花齐放的局面，传统对象关系型数据库何去何从都难以判断，而基于对象关系型数据库理论的空间查询优化技术又有多长的生命力？就目前形式来看，云存储、NoSQL 数据库、传统对象关系型数据库有其各自既定的应用场景，传统对象关系型数据库依然有其用武之地。云存储、NoSQL 数据库更多是针对检索模式单一、检索速度块、伸缩性强的数据管理；而传统对象关系型数据库能保证数据完整性与一致性，在联机事务处理(OLTP)的应用中有较强优势。也许随着计算机领域硬件技术或操作系统软件的大变革，传统对象关系型数据库可能会退出历史的舞台；但其完善的基础理论和方法体系难免会被今后的其他数据库管理技术或其他一些不可预知的系统所采用。因此，本书不是针对具体 Ingres 介绍一个空间查询优化系统，而是以关系数据库查询优化的理论为基础，重点介绍空间查询优化方面的相关基础算法和理论。这样不仅可以发展、完善 GIS 的数据管理理论体系，也期望相关的基础算法和理论可以长远地服务于空间数据管理的研究或其他一些不可预知领域的研究。

1.2　研究范畴

在数据库中，一条查询语句(SQL)往往对应多个空间执行计划。如何准确、快速地从众多可选查询计划中选取执行代价(cost)最小(执行速度最快)的计划，提高空间数据库的查询效率，一直以来都是数据库理论与技术研究的难点与热点。Cost 在本书中多数情况下译为"代价"，根据语境需要有时也会译为"开销"。数据库查询代价是执行查询计划所消耗系统资源，主要是指消耗时间资源。

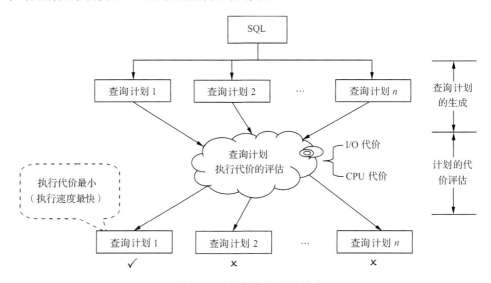

图 1-1　查询优化的过程示意

基于代价的查询优化至少包括查询计划生成、计划代价评估两个阶段(如图 1-1 所示)。空间数据库查询优化的处理流程及框架与图 1-1 基本一致，但由于操作数据类型的本质区别，造成了数据存储方式、索引机制、操作函数和统计信息管理等的巨大差异，因此需要结合空间数据自身的特点研究空间查询优化。

● 查询计划生成：生成所有可能的查询执行计划。在提高最优计划覆盖率的同时，尽可能缩小计划搜索空间。查询计划的生成主要包括连接树形枚举、表(含索引表)排序枚举、操作枚举三个阶段。其研究重点包括：空间索引参与的枚举(因为空间数据比普通数据对索引具有更强的依赖性)、空间操作等价的变换枚举、空间表连接方法的枚举以及启发式空间剪枝策略等；核心研究思路是：结合空间数据类型、数据操作等特殊性，引导计划搜索器向最(较)优查询计划存在的方向进行，同时摒弃一些不合逻辑的空间查询计划。

● 计划的代价评估：根据上阶段生成的查询计划，评估各计划的执行代价，选择出代价最(较)小的计划。该研究应遵循以下原则：①快速、准确地估算出计划各环节的执行代价；②尽量减少系统在统计数据维护方面的资源开销、减少人工干预。执行代价包括 I/O 代价和 CPU 代价两方面。为了准确地估算计划树中各查询操作的 I/O 代价, 系统往往需要了解待查询表的数据统计、数据分布以及索引等相关信息。直方图是描述数据分布的重要方法; 而基于直方图的选择率估计不仅能为查询代价评估提供重要的输入参数, 而且能预先给用户演示最可能的查询结果(Liu et al., 2003)。空间直方图是目前研究的热点, 涉及的主要科学问题有: 多表连接的直方图推演、空间连接的选择率估计、精细拓扑谓词的选择率估计等。除上述第 1 个问题外, 国内外已有少量算法可以处理后两问题, 但是其估计精度及其可实现性都存在一定问题。至于 CPU 代价, 空间查询与传统属性查询的重要区别是: 空间查询操作通常是时间复杂度较高、较耗 CPU 资源的运算, 而且空间操作函数的数量远比传统函数多, 空间数据查询处理的细节也会有所不同(详见 2.2.5 节)。如果与传统数据库一样不重视空间查询 CPU 代价的估计, 那么无论上层的枚举算法多么优越, 也可能因忽视 CPU 代价而导致错误的评估结果, 与最优的查询计划失之交臂(例如, 4.2.4 节所示的例子)。

目前国内外在空间索引、查询算法优化、查询代价估算等分支领域有一定进展, 但至今尚未提出一套完整的优化系统设计方案(蒋苏蓉等, 2004)。基于传统查询优化的成熟理论体系, 研究空间查询计划的生成方法, 并将空间操作代价融合到代价模型, 发展空间属性一体化的查询优化理论体系, 是一件重要且迫切的任务。

1.3 研究目标及贡献

本书继承了传统关系型数据库查询优化的方法与理论, 结合空间数据体量大、结构复杂、运算(操作)代价昂贵等特点, 对传统属性查询优化关键环节的理论和方法进行探索和完善, 形成了空间属性一体化的代价评估模型, 并在开源数据库 Ingres 中研发实现与实验, 为空间查询优化方法的研究和应用提供新的理论依据。主要研究成果包括空间计划生成方法、空间查询代价评估模型以及空间选择率估计方法。

1.3.1 空间查询计划生成方法

目前查询计划生成方法较多, 但在实际应用中常常存在各种各样的问题。穷举法和概率法都是按照既定的规则找到一个完整查询计划, 再计算其执行代价。其区别在于: 前者能枚举出所有查询计划, 从理论上讲能找到最优计划; 而后者更为简单、收敛速度更快。穷举法在表数目比较小的情况下, 比较容易找到最优执行计划, 但当表数目较多时, 穷举法往往由于搜索空间过于巨大, 导致查询代价预评估的系统开销大, 最终严重降低了系统整体执行的速度。而概率法则是在表数目较多的情况下采用一些算法(例如, 快速选择、迭代改进、遗传变异、模拟退火以及禁忌搜索等)加快计划查找的收敛速度, 但当表的数目较少时, 概率法可能会因不全面的搜索导致系统陷入局部最优、而错过全局最优的计划。动态规划法则先按照一定规则枚举出查询计划的所有子树, 确定最优子计划, 并记录在内存中, 其后根据前期存储的最优子计划, 直接生成当前的优选计划。动态规划法实际上是穷举法的改进, 即通过增加少量的存储空间来加快计划枚举的速度，故它能在较短时间内找到较优的查询计划。贪婪法是从众多表中选出行数少的表先执行查询操作，行数少的表其中间结果集也会较少，再用较小中间结果去过滤行数多的表。贪婪法的时间复杂度、空间复杂度都很低，甚至低于动态规划法的时间消耗和空间消耗，但是贪婪法付出的代价也是：不能枚举出所有子计划，可能错过最优计划。此外，动态规划法和贪婪法最大的问题在于：尽管它们都在努力构造一个最(较)优计划，但是若在有限的时间内没找到最(较)优计划，其前期构造的次最(较)优计划就会被浪费，返回结果是没有查询计划，即优化器的作用完全消失。

总体看来，当参与查询的表(含索引表)数目不多于 10 时，建议采用完备性较强的穷举法。同时，借鉴动态规划法思想，记录枚举过程中产生的每个子计划和某完整计划的代价，在枚举其他的计划时可以避免重复的枚举和计算。当表(含索引表)数目超过 10 时，建议采用贪婪算法(例如，Ingres)或遗传算法(例如，PostGIS)查找计划。

本书第 3 章提出了一种复合的空间查询计划生成方法，涉及连接树、表排列生成方法以及相应的操作枚举方法；此外，根据空间连接的特点提出了一套空间启发式策略，避免了不必要查询计划的生成，缩小了枚举空间，最后进行了相关实证研究。

1.3.2　空间查询代价评估模型

目前空间查询优化评估模型的研究多集中于基于空间索引(例如 R-树系列)的代价，而空间与属性一体化的查询代价研究尚不成熟。本书的研究思路是在早期关系数据库代价模型的基础上进行调整。早期以 Faloutsos 等为代表的 R-树性能分析研究可以衍生出空间代价估计，但该方法严重依赖于 R-树索引的存在。此外，它们是针对 R-树索引结构，采用自上而下的方法，探讨索引节点的访问次数及其访问代价；而本书则不依赖索引的存在，而是基于查询计划树，采用自下而上的方法估计查询计划代价。Faloutsos 等探讨的 R-树代价可理解为一个仅涉及基表及其索引表的查询计划，或一个空间 KEY 连接操作的代价；而本书的方法则不局限于某种特殊的空间查询操作，而是针对整个复杂的空间查询计划进行评估；因此，基于查询计划树的代价模型具有更强的通用性。最后，基于 R-树的节点访问率的评估只适用于空间相交谓词；而本书采用空间直方图法则能精确估计出各空间拓扑关系的选择与连接操作的元组数，从而增加算法的适用范围、提高空间查询代价的评估精度。第 4 章以查询计划树为框架，以拓扑关系为主要空间操作，在开源 Ingres 上完善空间查询操作的代价估计模型。

Ingres 的代价主要来源于 I/O 代价和 CPU 代价。对数据表而言，I/O 代价主要是用元组个数和元组宽度来估算；对于索引而言，I/O 代价则是根据索引的填充因子来估算。CPU 代价的估算相对较为复杂，主要因为每个操作都要引起 CPU 的开销，这种开销主要与参与运算的元组数、扫描谓词(比较和等值等等)、连接语句(左连接\右连接\全连接)、存储方式(ISAM\HASH\B-树\R-树)、排序等多种因素有关。Ingres 中上述参数使用的都是经验值，即根据数据元组个数和长度乘以经验常数构成。而关于空间数据或空间操作的代价 Ingres 几乎没有考虑。第 4 章在详细分析前人研究内容的基础上，分析了 Ingres 代价模型和流程，并基于该框架对空间代价的估算进行了补充和完善。

1.3.3 空间直方图选择率估计

Güting(1994)在 VLDB 上定义了"空间数据库系统"的概念。他认为空间数据库要有独立的数据存储方式、独立的字段、独立的操作(连接)方式以及独立的索引等。因此空间优化方法必定与传统的代价模型有区别,但是流程框架应该是一致的。这个流程中一个很重要的参数是选择或者连接操作结果的元组个数(即选择率),这个参数往往需要直方图技术的支持。目前,传统属性直方图技术应用已经较为成熟,然而空间直方图的研究有待加强。

根据文献可知,除 CD 直方图和欧拉直方图外,其他直方图都不能精确估计空间选择操作的选择率;除改进欧拉直方图、PH 和 GH 外,其他直方图都不能实现空间连接操作的选择率估计;除改进欧拉直方图外,其他直方图都不能估计空间包含操作的选择率估计。为了解决上述问题,第 5 章提出了累计 AB 直方图,给出了一系列空间查询操作的选择率估计方法以及直方图推演方法,并在 Ingres 中开发实现。实验表明,累计 AB 能有效地实现复杂空间查询的选择率估计,为空间 I/O 代价的评估奠定良好基础。累计 AB 直方图不但可用于各类空间算子的选择率估计(例如包含、分离、北面、南面、距离米等),还可以将其扩展到三维数据模型的选择率估计中。

第 2 章　空间数据库基础知识介绍

本书主要在对象-关系型空间数据库管理系统 Ingres 的基础上开展研究工作。所谓对象-关系数据库管理系统（ORDBMS）就是在关系型数据库管理系统（RDBMS）之上，通过用户自定义类型、自定义函数、自定义索引等技术，实现空间数据的存储、管理与分析。Oracle 的 Oracle Spatial、IBM 的 DB2 Spatial Extender、微软的 SQL Server Spatial、开源的 PostGIS 等都是在不同关系数据库管理系统之上的空间扩展。

2.1　关系数据库系统内核基础知识

Ingres 是较早的数据库管理系统，开始于加利福尼亚大学柏克莱分校 Stonebraker 的一个研究项目。该项目开始于 20 世纪 70 年代早期，在 80 年代早期结束。像柏克莱大学的其他研究项目一样，它的代码使用 BSD 许可证（Berkeley Software Distribution license）。从 80 年代中期，在 Ingres 基础上产生了很多商业数据库软件，例如 Sybase、Microsoft SQL Server、Informix 等。80 年代中期启动的后继项目 Postgres，产生了 PostgreSQL、Illustra。由此可见，Ingres 是对关系数据库管理系统最经典、最全面、最具体的诠释。为此 Stonebraker 于 2014 年获得了计算机领域的最高奖项"图灵奖"。本书将以 Ingres 为例，介绍后续章节涉及的关系数据库内核的一些重要基本概念。

2.1.1　元组标识（TID）

在关系数据库中，每一条元组（记录）都有一个物理地址。TID(Tuple ID)是用来标志该地址的唯一标识。系统可以根据 TID 定位元组的页面及其偏移量。例如，在图 2-1

Empno	Name	Salary	...		TID		
1	Jim	10000	...		0		Row 0
2	Nacy	12000	...		1		Row 1
3	James	15000	...		2	Page 0	Row 2
4	Bill	20000	...		3		Row 3
5	Emily	9000	...		512		Row 0
6	Kevin	11000	...		513		Row 1
7	...	...	...		514	Page 1	Row 2
8	...	...	...		515		Row 3
9	...	...	...		1024		
10	...	...	...		1025		
11	...	...	...		1026	Page 2	...
12	...	...	...		1027		

图 2-1　Employee 表的元组标识 TID

的 Employee 表中，每个元组都对应一个隐式 TID 值，其中 Empno 为 6 的元组的 TID 是 513，意味着该元组存储在第 2 个磁盘块（页面）第 2 行的位置上。因此，TID 仅用于系统内部的管理，不支持用户的手动修改。

2.1.2　物理存储格式

在数据库中，当数据表的元组存储到磁盘时，可以有不同的物理组织形式。Ingres 提供多种类型的物理存储结构，每种存储结构对不同的查询应用有不同的效果。具体存储结构如下。

1. HEAP 结构

这种结构的表也称堆（HEAP）组织表，即元组的物理存储位置按插入的顺序依次增加。其特点在于：①无索引；②数据无序；③查询需要全表扫描。

2. HASH 结构

基于这种结构的表也称为散列表（hash table），即根据某元组中指定的关键词值通过一个 Hash 函数将其转换成一个整型数字，然后用该数字对 Hash 桶的个数进行取余，取余的结果当作数组的下标，将该元组存储在以该数字为下标的数空间里。当对哈希表进行查询时，通常根据条件中的键值通过 Hash 函数可以很快得到数据的存储地址，直接取出数据，返回给前端。

其特点在于：①在基于关键字精确匹配中，使用 Hash 函数能快速定位数据页面及位置；②对于范围搜索或模式匹配查询，则需要全表扫描；③数据无序；④对于关键字不唯一的情况，如果散列存在溢出链，则需要进行溢出链页面的扫描。

3. ISAM 结构

ISAM 是数据存储位置按主键（primary key，PK）进行排序的一种索引结构，故主键是唯一能够标定一行记录的字段或字段集。ISAM 结构是静态的，因此当表中记录增删变化时，可能会影响其他记录的存储位置。

其特点在于：①可以根据完整关键字或者关键字的一部分（比如：字符串关键字的左子串）来确定数据页面的位置；②随机或者模式匹配搜索都可以使用 ISAM 索引结构；③数据是物理排序的，索引在创建时数据项依关键字严格排序，随着记录的变化索引项将不准确；④对于关键字不唯一的情况，需要对溢出链页面扫描。

4. B-树结构

B-树也是基于关键字排序的一种结构。使用多叉 B-树（balanced tree）作为索引，具有动态增长、动态平衡的特点。使用 B-树获得的元组流总是有序的，故适合于范围搜索。

这里需要注意：①上述四种物理存储格式既适用于基表，也适用于索引表。②在后续的论述中，还常常提到 SORT 格式。SORT 是 Ingres 中将 HEAP 数据转换为有序数据表的一种统称，它可能是内存中的一种格式，也可能以临时表的形式存储。Ingres 常采用快速排序法将 HEAP 结构转为 SORT 格式。

2.1.3　主索引与辅助索引

在 ISAM 存储方式中，关键字被称为主键（PK）或主索引，例如图 2-2 中 Employee 基表（EBT）中的 Empno 列。为了检索的需要，除了主键外，常常需要对数据表中的其他字段建立辅助索引（secondary key，SK）。辅助索引是独立于基表的另外一个表（即索引表），它不影响基表的存储结构，例如图 2-2 中的 EIT 是对 EBT 表中 Salary 列建的索引表；其中，EBT 的 TID 列是隐式的，即物理上不存在该字段的值，其值表征每条记录存储的物理位置，而 EIT 的 TIDP 则是显示的，即实际存储了所指记录的物理存储位置。在有些数据库管理系统中，确定基表存储结构的主键也被称为"聚簇索引"，而辅助索引则被称为"非聚簇索引"。

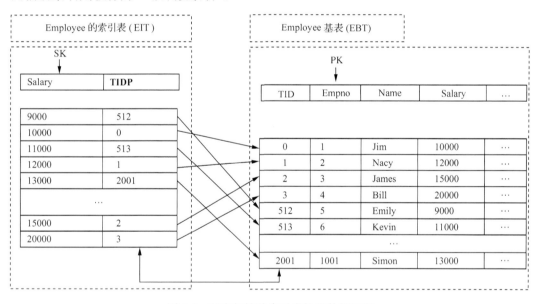

图 2-2　基表与辅助索引表物理数据组织

在查询优化研究中，需要注意：①可以通过 TIDP 与 TID 的连接，强制将辅助索引表加到执行计划的枚举中；例如在图 2-2 中，我们可以使用"EIT. TIDP＝EBT. TID"的语句启用辅助索引。②在某些查询中，可采用索引表替换基表的方法来提高检索效率；例如，对于图 2-2 所示的实例，在 select TID from EBT where salary ＜10000 的查询语句中，可以用 EIT 表来替换 EBT 表，根据 EIT 表 B-树的检索方式能很快定位出 Salary＜10000 的记录，并返回其 TIDP 值。③辅助索引表是独立于基表之外的另一张表，需要额外的系统开销，故实际应用中的辅助索引不易过多，最好根据应用的查询需要适当建立。

2.1.4　查　询　图

数据库查询优化器的首要任务是根据各表之间的连接关系(查询图)生成初步的查询计划(连接树)。下面先介绍查询图。

查询图中各节点表示查询语句涉及的关系 $R_1,\cdots,R_n$，连接节点的边则表示查询语句中存在连接两端节点的连接谓词；故查询图是包含 $R_1,\cdots,R_n$ 的无向图。查询图理论上包括链状、星状、树状、环状以及团状几种不同的类型，如图 2-3 所示。

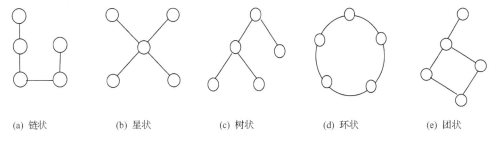

| (a) 链状 | (b) 星状 | (c) 树状 | (d) 环状 | (e) 团状 |

图 2-3　查询图的形状

查询图对查询计划中连接操作的选择有重要作用，即数据库通常选用查询图中直接相连的两表参与连接。如果选择了不直接相连的表参与连接，其执行代价通常会较大；因为此时只能采用笛卡儿积生成结果，算法比较耗时。查询图虽然示出了查询计划中所有可能的连接，但并不指定连接执行的顺序。

2.1.5　连　接　树

连接树是数据库的内部连接顺序的一种表达形式；它作为逻辑和物理优化的基础，将直接决定查询计划的搜索空间。连接树主要有左深树(left-deep tree)、右深树(right-deep tree)、锯齿树(zig-zag tree)、浓密树(bushy tree)四种树形，如图 2-4 所示。左深树和右深树两者类似，每一个连接的左子树或者右子树中，一定存在一个叶子节点表示关系 R_i。锯齿树则可看成是左深树与右深树的结合，即要么左子树是表示关系 R_i 的叶子节点，要么右子树是表示关系 R_i 的叶子节点。对于浓密树来说，左右子树没有任何

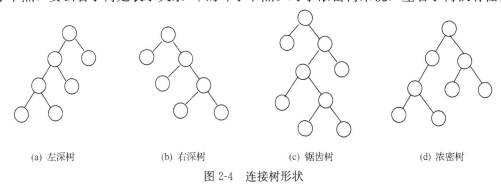

| (a) 左深树 | (b) 右深树 | (c) 锯齿树 | (d) 浓密树 |

图 2-4　连接树形状

的限制。广义上理解，锯齿树是一种特殊的浓密树。

　　早期 System R 的优化器原型以及现有 Oralce 的优化器都是将搜索空间严格限制为左深树树形。采用左深树树形有两个好处：①在任一查询时刻，只有一个中间结果；②基于左深树的表排列远远小于浓密树的表排列，从而极大地减小了计划搜索空间。后续研究主要讨论基于左深树的查询计划，但偶尔也涉及浓密树的查询计划。

　　连接树是后续章节的重要研究对象，在介绍后续章节前先介绍一种连接树的表达方法。首先，采用结点和其左右子节点上包含的叶节点数目来表示连接树形。例如，对于图 2-5 所示的树形可以被标识为 4312111，其中，4 表示根节点下叶子节点的个数，3 表示根节点的左子节点下叶子节点的个数，其后的 1 表示根节点的右子节点下的叶子点的个数，依次类推。然后，再用表序号的序列（即表排列）表示树形中表的位置。若在图 2-5 所示树形中，参与连接的 4 个表为 R_0、R_1、R_2 和 R_3，它们分别可用数字 0、1、2、3 代替，那么对于随机生成的表排列 2301，其对应的左深树连接计划如图 2-6 所示。因此，表图 2-6 所示连接树可数字化表达为：树形是 4312111，表排列为 2301 的连接。

图 2-5　4312111 对应的连接树树形　　　　图 2-6　表排列 2301 对应的连接计划树

2.1.6　等　价　类

　　等价关系是指集合上具有自反、对称、传递性的二元关系。关系 OP 的自反性是指：对集合中的每一个元素 a 都有 aOPa 成立；关系 OP 的对称性是指：对集合中的任意元素 a、b，若 aOPb 成立，则 bOPa 也一定成立；关系 OP 的传递性是指：对集合中的任意元素 a、b、c，若 aOPb、且 bOPc 成立，则 aOPc 一定成立。常见的等价关系有"等于"关系、"三角形的相似"关系等。

　　在一个定义了等价关系的集合中可以按该等价关系分成不同的等价类（即两个元素只要有 xOPy，则它们属于同一等价类），即集合的一些子集组成的集合。容易证明，这些等价类两两不交，且其并集等于原集合。

　　在关系数据库中，常见的等价类主要有以两种：①对于 where 子句中具有等号连接关系的属性；由于等价关系具有传递性，对于 $a.i=b.i$ and $a.i=c.i$ 的限定谓词，我们很容易判断关系 a 的属性 i、关系 b 的属性 i 以及关系 c 的属性 i 属于同一个等价类。②对于基表和其索引表来说，索引表中的 TIDP 实际是基表中各记录的指针，因此基表的 TID 列和索引表的 TIDP 也属于同一个等价类，例如，在图 2-2 中的 EIT. TIDP 和 EBT. TID。2.1.4 节提到：数据库通常不选择不直接相连的表参与连接，但等价类应除外，即当连接表的边具有等价关系时，由于等价关系的传递性，使得不直接相连的等价类可以参与连接操作。

等价类的在查询树的启发式优化中有重要作用。首先，在查询树的启发式优化中，查询优化器常将同一等价类的连接操作移向查询树叶端先执行；因为等值连接的执行结果集往往很少，可以极大地减少了参与后续运算的数据量，从而提高查询速度。其次，等价类对于连接执行算子的选择也有重要意义；例如，对于上述第一种等价类的连接，可以采用排序-合并连接[详见 2.1.7 第 4 小节的(2)条]或 HASH 连接[详见 2.1.7 第 4 小节的(5)条]；对于上述第二种等价类的连接，则可采用 TID 连接[详见 2.1.7 第 4 小节的(4)条]。

这里需要注意：在 Ingres 的数据库实现中，对于非等值约束谓词(例如，$TA.op > TB.op$)，也分别将 $TA.op$ 与 $TB.op$ 属性放入不同的等价类中，也被称为单属性等价类或第三种等价类。在计划编译时，通常将其转换为笛卡儿连接[详见 2.1.7 第 4 小节的(1)条]，约束谓词($>$)作为连接的布尔因式。

2.1.7　执行操作算子

Ingres 执行操作算子包含格式转化、磁盘扫描、投影-约束和连接四种。查询计划逻辑最终都是通过这些基础执行算子实现数据的物理查询。

1. 格式转化(Reformat)

格式转化用于对现有的数据结构进行重新组织，实现一种格式向其他格式的转化。例如，将 HEAP 结构的表变成 HASH 结构、或者 ISAM 结构等。它首选需要读取原表的所有记录，并按规定的格式把元组重新写回一个临时表；在这个临时表中，元组将按照格式转换后的结构被依次提取出来。

在原 Ingres 的内核代码中，不同数据格式(HEAP\ISAM\HASH\SORT)之间的相互转化曾经都存在，但是后来由于函数复杂，且易造成枚举计划过多、不必要的磁盘存储消耗等，目前 Ingres 只采用代价最小的格式转换模块，即采用快速排序法将 HEAP 结构转为 SORT 格式。这样大大化简了操作枚举格式转化阶段的复杂性；但是也可能由于这种单一的转换，而错过一些较优的查询计划。

2. 磁盘扫描(Disk-Resident-Scan)

磁盘扫描操作是根据给定的查询条件返回满足条件的一批记录，其算法与表的存储结构密切相关。对于 HEAP 表，磁盘扫描将按照记录存储顺序扫描全表，找出满足条件的所有记录；对于 HASH 表，则根据 Hash 函数计算出满足条件记录的存储位置，再从磁盘中读出这些数据；对于 ISAM 表，则从第一条记录开始扫描，找到满足条件的记录后读出，并继续扫描，直到遇到第一个不满足条件的记录就停止扫描。

磁盘扫描是以磁盘块(blocks)作为最小单元读入，并缓存在内存中。若满足条件元组所在的磁盘块已缓存在内存中，则数据库可直接从内存中读取该记录。

3. 投影-约束(Project-Restrict)

投影和选择是关系代数的两个重要基础操作。所谓投影(projection)是从关系 R 中取出若干属性列组成新的关系，即选取关系的列子集，通常被记作 $\pi_A(R) = \{t[A] \mid t \in R\}$，其中 A 为 R 的属性列。所谓选择又称约束（restriction），是从关系 R 中选出满足给定条件的所有元组，被记作 $\delta_F(R) = \{t \mid t \in R \wedge F(t) = '真'\}$，其中 F 表示选择条件。

由于投影和约束可以在同一个步骤中完成，所以在数据库实现中常常被合并成"投影-约束"操作。投影和约束操作都是单目运算，即操作仅涉一个关系。合并后投影-约束操作的算法为：遍历某关系中的元组，根据约束条件选出符合条件的记录，再根据投影条件选出符合条件的字段。有时"投影-约束操作"也简称为"选择操作"。

4. 连接（Join）

所谓连接操作是从关系 R、关系 S 的笛卡儿积中选择属性间满足一定条件的元组对，被记作 $R \bowtie S = \{t_r t_s \mid t_r \in R \wedge t_s \in S \wedge t_r[A] \theta t_s[B]\}$，其中 A、B 分别为 R、S 上度数相等且可比的属性组；θ 是比较运算符。连接操作是双目运算，即将两个关系（或者中间结果）作为输入，将它们的连接结果作为输出。为了方便讨论，后面将两个输入分别叫做内表（inner table）和外表（outer table）。对于外表的每一条数据（元组），内表中所有与其符合连接条件的元组将被返回。针对不同的数据组织结构，数据库需要设计不同的连接方法来尽可能地提升数据查询的性能。值得注意的是：连接操作中，外表一般情况下只遍历一次，而内表可能要遍历多次；具体次数由其内表的存储结构以及连接算法的决定。

数据库中连接操作比较复杂，执行代价也较高。为了提高连接操作的执行效率，数据库内核往往针对不同的数据基础和连接需求，提供了不同的连接算法。理解不同的连接算法，对提高代价模型的评估精度有重要意义。下面介绍 Ingres 数据库的几种常见的连接执行方法。

（1）笛卡儿连接（cartesian product join，CPJOIN，也叫嵌套循环连接）

笛卡儿连接是 Ingres 中最简单的连接方式，常被称为嵌套循环连接（nested loop join）。对于外表的每一条元组的连接属性，扫描内表中的每一个元组的连接属性，并且检查这两个属性是否满足连接条件；如果满足，则将内表、外表的元组连接起来，并作为结果输出，直到外表中的元组处理完为止；以外表中的第一个元组为例，其扫描过程如图 2-7 所示。

笛卡儿连接是最普适，即适合于任意两个关系（表）的连接，通常用于内表和外表都没有排序的情况；同时，笛卡儿连接也是最耗时的。由于输入的两个关系表一般情况下是堆（HEAP）结构，故有时笛卡儿连接也称为"堆连接"。

（2）排序-合并连接（full sort-merge join 或 FSM Joint，归并连接）

若参与连接的外表、内表在连接属性上有排序，则常采用排序-合并连接。排序-合并连接的步骤是：①取外表中的一个元组的连接属性，依次扫描内表中元组的连接属性，若遇到相同的连接属性，则把内表、外表的元组连接起来，作为返回结果，并为内表的该元组赋"重读初始"标记。②继续扫描内表，直到一个大的连接属性值出现，则

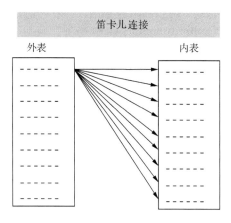

图 2-7　笛卡儿连接操作示意

为内表的该元组赋"重读末尾"标记。③返回外表取下一条元组的连接属性，如果它的连接值与外表上一个元组的连接属性值相等，则内表的扫描从"重读初始"标记处开始，否则从"重读末尾"标记处开始；并重复上述各步。以排序后外表中的第一个元组为例，其连接过程如图 2-8 所示。

　　对事先没有排序的表而言，尽管排序操作要求系统支出额外的代价，但是有时排序操作也可以避免对内表的全扫描操作，其节省的连接时间是不容小觑的。为了进一步降低系统的排序开销，有时也会仅对内表排序，即部分排序-合并连接，其连接过程如图 2-9 所示。当内表数据量不是很大时，Ingres 常采用部分排序-合并连接，也称为内排序连

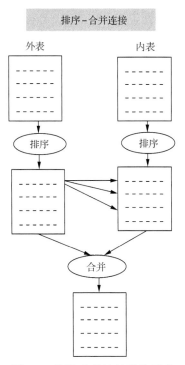

图 2-8　排序-合并连接操作示意

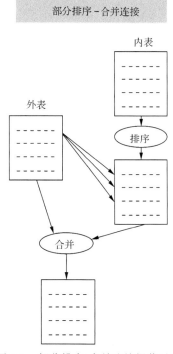

图 2-9　部分排序-合并连接操作示意

接(IS JOINT)。内排序连接是将内表的数据放在 hold/sort 的内存缓存文件中。外表每次读取一条元组数据，仅扫描内存中的部分内表数据，这样相对于笛卡儿连接而言可以节省很多的时间。

（3）KEY 连接（KJOIN，索引连接）

Ingres 把传统的索引连接称为 KEY 连接，连接操作的外表是一个基表，内表则是另一个基表的索引表。连接步骤是：用外表中的每一个元组的连接属性，到内表索引进行快速查找，找到满足连接条件的内表元组的存储位置。KEY 连接操作示意如图 2-10 所示。

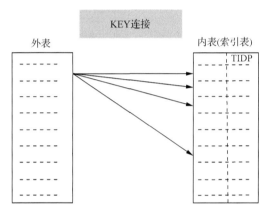

图 2-10　KEY 连接操作示意

KEY 连接的内表可以是 B-树结构、HASH 结构或 ISAM 结构。以图 2-2 所示数据为例，其中 EIT 表是一张基于 Salary 的 B-树索引表，假如系统中还有一张 Department 的基表（DBT），它记录了公司某部门的名称（Name）及去年该部门的平均工资（AvgSalary），若要查找多少雇员的工资超过该部门去年的平均工资，则可用 KEY 连接，即用 DBT 表的 AvgSalary 值到 EIT 索引进行快速查找，找到 EIT.Salary 值大于 DBT.AvgSalary 的记录，并统计元组个数。上述连接为典型的 KEY 连接。

（4）TID 连接（TJOIN）

在上述 KEY 连接的实例中，若系统还需将符合上述条件的员工姓名列出，则需要根据 EIT 表中查到的 TIPD，到 EBT 表中找到相应的记录，并输出其 Name 信息；该操作即为典型的 TID 连接，即根据外表（索引表）的 TIDP 值到其基表中找到相应的真实数据。例如，图 2-2 所示的查询就是一个 TID 连接。因此，在查询计划中，TID 连接往往是存在于 KEY 连接之后，即根据 KEY 连接的结果值 TIDP，再利用 TID 连接找到元组的真实数据。

该连接是用外表中的每条 TIDP 读取拥有该 TID 的磁盘块，并缓存在内存中；如果连续的 TID 在同一个磁盘块上，则直接从内存中读取，从而减少磁盘块的读取次数。

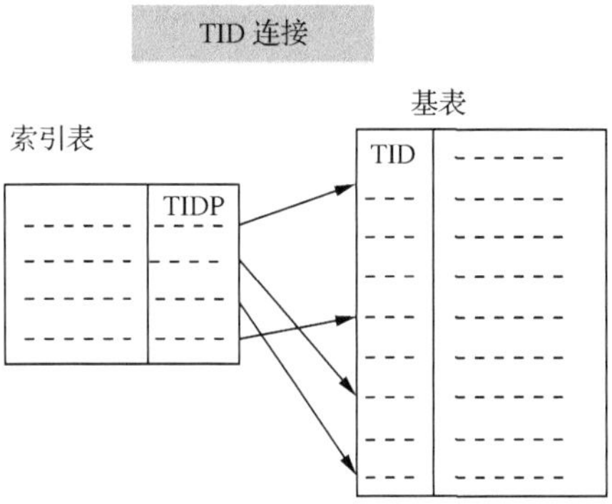

图 2-11　TID 连接示意图

（5）HASH 连接（QEN_HJOIN，哈希连接）

HASH 连接是把连接属性作为 Hash 码，用一个 Hash 函数把内外表的元组散列到同一个 Hash 桶中，同一个桶中的两表元组属性对的组合为满足连接条件的结果集。HASH 连接分两步：①划分阶段（partitioning phase）：对元组数较少的表（小表），将其元组连接属性按 Hash 函数分散到 HASH 表的桶中；②试探阶段（probing phase）：依次读取另一个表（大表）的元组，将其元组连接属性也按 Hash 函数散列到适当的 Hash 桶中，并把该元组与桶中所有来自小表的元组连接起来输出。

HASH 连接是数据库管理系统的一个重要的连接方法。Hash 函数虽然耗时较多，但是随着数据量的线性增加，其代价仅是线性增长的。对于排序-合并连接来说，随数据量的线性增加，其代价却是超线性增长的。因此，当数据量比较大时，HASH 连接是数据库内核常采用的一种等值连接方法。

在 Ingres 的 HASH 连接中，HASH 表是实时动态建立的，外表的连接键用来创建哈希表，而内表的元组是触发哈希连接的键值。因此，HASH 连接与内表为 HASM 结构的 KEY 连接是有区别的：HASH 连接是对小表（通常作为外表）动态建立 HASH 表，而 KEY 连接的内表是静态 HASH 结构的索引表，即 HASH 结果在连接查询前就存在。

2.2　空间扩展的相关基础知识

关系型 Ingres 的后台体系结构如图 2-12（a）所示。为了实现 Ingres 空间数据类型、空间操作函数与空间索引的扩展，我们移植了 PostGIS 的相关代码，利用 Ingres 的对象管理扩展机制（object management extension，OME）实现了空间数据的物理存储、逻辑表达、索引技术、动态组织以及投影选择和连接等基本操作，如图 2-12（b）深灰色填充的虚线框所示。本书不关注如何用 OME 实现空间数据类型的扩展，重点关注在完成上述扩展后如何进一步改造 Ingres 内核［如图 2-12（b）深灰色填充的实线框所示］，构造符合空间查询需求的空间查询优化器，具体内容详见第 3～5 章。为了更好地理解空间查询优化的相关研究内容，本节先介绍后续章节涉及的空间数据库的相关基础知识。

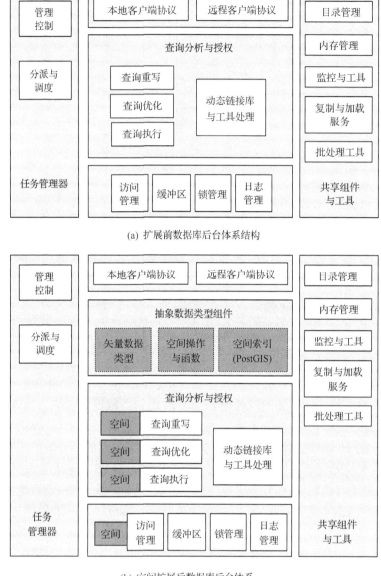

(a) 扩展前数据库后台体系结构

(b) 空间扩展后数据库后台体系

图 2-12　Ingres 扩展前后数据库后台体系结构

2.2.1　几何数据类型

几何数据模型是空间数据库模型最基础、最核心的部分(程昌秀等，2005)。目前，OGC(开放地理空间信息联盟)的几何对象模型已得到了业界的普遍认可，其类层次结构如图 2-13 所示。空间数据库中的几何数据类型基本是以 OGC 模型为蓝本，在对象-

关系型数据库中的扩展实现。

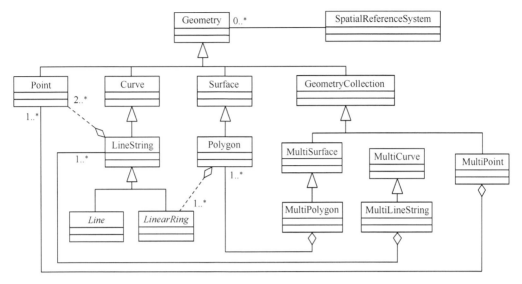

图 2-13　几何对象模型

由图 2-13 可知，几何对象模型的核心是一个依赖于空间参照（spatical reference）系和测量参照（measure reference）系的几何（geometry）类。从该类可以派生出点（point）、线（curve）、面（surface）、多点（multipoint）、多线（multilinestring）、多面（multipolygon）等多种类型。具体解释与实例如下：

（1）点（Point）：是零维几何对象类，它代表二维空间中的一个点。例如，在全国地图上，城市可以用点来表示，如图 2-14（a）所示。

（2）曲线（Curve）：由点序列来描述的一维几何对象类，例如街道、管线等都属于曲线。它将根据不同的子类，在相邻的两点间采用不同的插值方法获得中间点。曲线中任意相邻两点间可采用线性插值的方法，也可以采用非线性插值的方法；如图 2-14（b）所示，前两段采用线性插值法得到的是线段；后一段采用非线性插值法得到的是弧线。

（3）折线（LineString）：是曲线的子类，它是采用线性插值法得到任意相邻两点间的中间点，如图 2-14（c）所示。

（4）线段（Line）：是折线的特例，它是只有两个点的线串，如图 2-14（d）所示。

（5）线环（LinearRing）：是由折线派生而来，其实质是闭合的、不自相交（相切）的折线，如图 2-14（e）所示。

（6）面（Surface）：是一个二维几何对象类。在二维坐标空间中，Surface 代表由一个外边界、零到多个内边界组成的几何对象；在三维坐标空间中，Surface 可能是一个同构的曲面。

（7）多边形（Polygon）：是二维坐标空间中由一个外边界、零到多个内边界定义的平坦表面，它由一个或一个以上的线环聚合而成，如图 2-14（f）所示。例如省、动物保护区均可用多边形表达。由于模型中多边形是由线环聚合而成，故其仅支持由折线串围成的多边形，暂不支持由弧线围成的多边形。

（8）体表面（PolyhedralSurface）：是由简单面沿着它们的边界"缝合"而成的；三维空间中的多面体曲面总体上可以不是平坦的。相互接触的一对多边形的公共边可以表达为有限折线的集合。

（9）三角形（Triangle）：是多边形类的一个特例。

（10）不规则三角网（Triangulated Irregular Network，TIN）：是体表面的一个特例，它是由多个共享公共边的连续三角形（Triangle）聚合而成，如图 2-14(g)所示。

（11）几何集合（GeometryCollection）：是由一个或多个几何对象组成的集合，其中的元素必须具有相同的空间参照系和测量参照系。

（12）多点（MultiPoint）：是零维的几何类集合，由多个点聚合而成，代表空间中的多个点。例如，在小比例尺的地图中，由多个岛屿组成的群岛可用多点表示，如图 2-14(h)所示。

（13）多面（MultiSurface）：是二维的几何集合类，由多个面聚合而成。

（14）多曲线（MultiCurve）：是一维的几何类，由多条曲线聚合而成。

（15）多折线（MultiLineString）：是多曲线类的子类，由多条折线聚合而成；例如，由多条河流组成的水系，如图 2-14(i)所示。如同曲线与折线的区别一样，多曲线中允许出现弧线，而多折线则是由折线组成。

（16）多多边形（MultiPolygon）：是多面的子类，由多个多边形对象聚合而成。例如，在大比例尺的地图中，由多个岛屿组成的群岛可用多多边形表示，如图 2-14(j)所示。

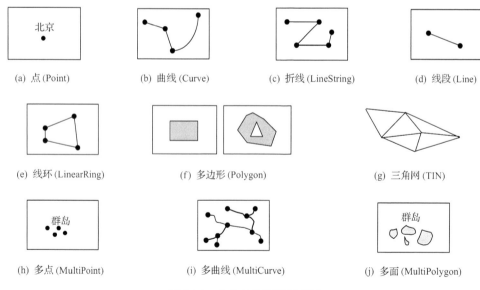

(a) 点(Point)　　　(b) 曲线(Curve)　　　(c) 折线(LineString)　　　(d) 线段(Line)

(e) 线环(LinearRing)　　　(f) 多边形(Polygon)　　　(g) 三角网(TIN)

(h) 多点(MultiPoint)　　　(i) 多曲线(MultiCurve)　　　(j) 多面(MultiPolygon)

图 2-14　几何对象实例示意图

尽管 OGC 的对象模型种类繁多，但多数空间数据库都将其统称为 Geometry 数据类型，Geometry 内部会对具体的数据类型进行区分。

2.2.2　空间操作与函数

无论上述哪种具体的数据类型都具备图 2-15 所示的操作与函数，主要分为常规方法、常规 GIS 分析方法和空间查询方法。在空间数据库中，主要通过以下函数的组合实现用户空间查询的各种逻辑。

	Geometry	
常规方法	+Dimension():Integer	--用于获取几何对象的几何维数
	+CoordinateDimension:Integer	--用于获取几何对象的坐标维数
	+GeometryType():String	--用于获取几何的数据类型，如点、线、面等
	+SRID():Integer	--用于获取几何类型的空间参照系
	+Envelop():Geometry	--用于获取 Geometry 的最小边界矩形
	+AsText():Boolean	--是否为 WKT（Well-known Text）的表达形式
	+AsBinary():Boolean	--是否为 WKB（Well-known Binary）的表达形式
	+IsEmpty():Boolean	--判断几何类型是否为空
	+IsSimple():Boolean	--判断几何类型是否是简单的
	+Is3D():Boolean	--判断几何类型是否有Z坐标
	+IsMeasured():Boolean	--判断几何类型是否有M值
	+Boundary():Geometry	--获取几何类型的边界
常规GIS分析方法	+Distance(another: Geometry):Distance	--求本Geometry与另一个Geometry间的距离
	+Buffer(distance: Distance): Geometry	--求本Geometry满足某个距离要求的缓冲区
	+ConvexHull():Geometry	--求本Geometry的凸包
	+Intersection(another: Geometry): Geometry	--求本Geometry与另一个Geometry的交
	+Union(another: Geometry): Geometry	--求本Geometry与另一个Geometry的并
	+Difference(another: Geometry): Geometry	--求本Geometry与另一个Geometry的差
	+SymDifference(another: Geometry): Geometry	--求本Geometry与另一个Geometry的对称差
空间查询方法	+ST_Equals(another: Geometry):Boolean	--判断本Geometry与另一个Geometry是否相等
	+ST_Disjoint(another: Geometry):Boolean	--判断本Geometry与另一个Geometry是否相离
	+ST_Intersects(another: Geometry):Boolean	--判断本Geometry与另一个Geometry是否相交
	+ST_Touches(another: Geometry):Boolean	--判断本Geometry与另一个Geometry是否相接
	+ST_Crosses(another: Geometry):Boolean	--判断本Geometry是否穿越另一个Geometry
	+ST_Within(another: Geometry):Boolean	--判断本Geometry是否包含于另一个Geometry
	+ST_Contains(another: Geometry):Boolean	--判断本Geometry与包含另一个Geometry
	+ST_Overlaps(another: Geometry):Boolean	--判断本Geometry与另一个Geometry是否交叠
	+Relate(another: Geometry,matrix:String): Boolean	--判断本Geometry与另一个Geometry是否符合给定的模式矩阵值
	+LocateAlong(mValue: Double): Geometry	--选取M值为mVaule的点，形成一个新的Geometry
	+LocateBetween(mStart:Double,mEnd:Double): Geometry	--选取M值在mStrart和ImEnd之间的点，形成一个新Geometry

图 2-15　空间操作与函数

这里重点介绍图 2-15 中从 ST_Disjoint 到 ST_Overlaps 的空间拓扑关系查询。空间拓扑关系查询基于著名的 9-交模型（Egenhofer et al.，1991a；Egenhofer et al.，1991b）。假设两空间对象 a 和 b，$I(a)$、$B(a)$ 和 $E(a)$ 分别表示 a 的内部、边界和外部，$I(b)$、$B(b)$ 和 $E(b)$ 分别表示 b 的内部、边界和外部，函数 $\dim(x)$ 返回几何对象 x 的最大维数，其值域为 $\{-1,0,1,2\}$，-1 表示 x 为 Φ，0 表示 x 为点，1 表示 x 为线，2 表示 x 为面。图 2-16 给出了 9-交模型的模式矩阵。图 2-17 给出了两个相交多边形 a、b 的示例及其模式矩阵的表达式"212101212"。

在空间数据库的实现中，两个几何对象拓扑关系的判断远比理论上的 9-交模型简单，即没有必要像图 2-17 一样精确地给出模式矩阵中的所有单元值。具体方法如下：

	内部	边界	外部
内部	dim $(I(a)\cap I(b))$	dim $(I(a)\cap B(b))$	dim $(I(a)\cap E(b))$
边界	dim $(B(a)\cap I(b))$	dim $(B(a)\cap B(b))$	dim $(B(a)\cap E(b))$
外部	dim $(E(a)\cap I(b))$	dim $(E(a)\cap B(b))$	dim $(E(a)\cap E(b))$

图 2-16　维度扩展的 9-交模型

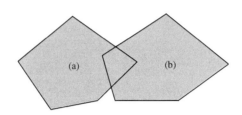

	内部	边界	外部
内部	2	1	2
边界	1	0	1
外部	2	1	2

图 2-17　一个示例及其 9-交模型值

首先，我们将模式矩阵中单元值 p 的取值范围重新定义为 {T，F，＊，0，1，2}，其中 T 表示 $x\neq\Phi$，F 表示 $x＝\Phi$，＊表示 x 是什么都无关紧要，0、1、2 依然分别表示 x 为点、线、面；此时，数据库中各类拓扑关系的模式矩阵可以简化为图 2-18 所示的表达式。其中，ST_Touches、ST_Crosses 和 ST_Overlaps 的应用是有条件的。条件中 A 为面要素，L 为线要素，P 为点要素。那么，满足 a 为面要素、b 为线要素的条件可以简写为满足 A/L 条件。

equalsMatrix(a, b) = "TFFFTFFFT"；

disjointMatrix(a, b) = "FF*FF****"；

touchesMatrix(a, b) = "FT*******" 或 "F**T*****" 或 "F***T****"，条件：A/A, L/L, L/A, P/A 或 P/L；

crossesMatrix(a, b) = ""T*T******"，条件：P/L,P/A 或 L/A；

crossesMatrix(a, b) = "0********"，条件：L/L；

withinMatrix(a, b) = "TF*F*****"；

overlapsMatrix(a, b) = "T*T***T**"，条件：A/A 或 P/P；

overlapsMatrix(a, b) = "|*T***T**"，条件：L/L；

containsMatrix(a, b) = withinMatrix(b, a)；

intersectsMatrix(a, b) = !disjointMatrix(a, b)。

图 2-18　拓扑关系表达

图 2-18 公式中的 ＊ 号处均不需要对 $I(a)$、$B(a)$、$E(a)$、$I(b)$、$B(b)$、$E(b)$ 及其交集的 dim(x) 进行判断；公式中的 T、F 处也仅需知道 x 是否为空即可；唯一需要精确计算

的是在判断线 a、线 b 是否跨越时需要判断 $I(a) \bigcap I(b)$ 是否为点对象。由此可见，图 2-18 大大简化了 9-交模型中模式矩阵的判断逻辑。

此外，空间拓扑关系的分辨能力也具有一定的层次关系，如图 2-19 所示。一般来说，两对象的空间关系首先可以分为相离（Disjoint）或相交（Intersects），在 Intersects 中有可进一步细分为 Overlaps、Contains、Equals 和 Within，而 Disjoint 也可细分为 Disjont、Touches。由此可见，Disjoint 和 Intersects 是互补操作，Contains 和 Within 是互逆操作。

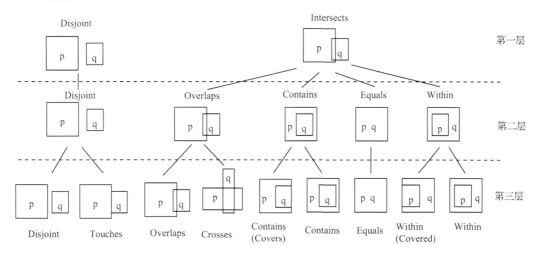

图 2-19 空间拓扑关系不同的精度层次关系

2.2.3 空 间 索 引

空间索引是在计算机技术变革的潮流中 GIS 领域沉淀下来的另一项重要研究成果。早期计算机领域习惯于将空间数据视为多维度（多属性）的数据，来研究相关存储和查询策略。他们认为传统属性数据（例如年龄）可理解为一维空间中的点，而空间数据则被视为多维空间中的点。因此，最简单、常见的方法是将一个维度变化，其他维度不变来遍历数据。由于磁盘存取是随机的，若无合理的空间数据存储机制，必将导致频繁的磁盘读写和巨大的时间消耗。因此需要对应的多维索引研究空间数据的高效检索。

后来，人们开始尝试实现空间数据在一维空间上的线性映射，映射后就可以采用传统的属性索引检索空间数据。常见的映射方法有：Morton 码（Orenstein，1986）、Gray 编码（Faloutsos，1985）、Hilbert 编码（Faloutsos et al.，1989）。该方法可以充分利用属性数据库的索引技术，但是在将二维空间向一维空间压缩过程中，常常存在各种二维空间信息的损失。例如，经映射后二维几何对象可能存在空间邻近但编码相差较远的情况，也可能存在编码邻近而空间位置相距较远的情况。此外，对于那些大小不一、横跨几个格网空间的几何对象也难以用一个编码来代替。

与此同时，参照 B-树思想衍生出的 K-D 树也是解决多维数据检索效率的方法之一（Bentley，1980；Friedman et al.，1977；Omohundro，1987）。K-D 树是在 K 维欧几里德空间组织点的数据结构。K-D 树可以视为用一个超平面把数据空间分区成两部分，超平面两边的点数相等。在超平面左边的点代表节点的左子树，在超平面右边的点代表节点的右子树。若子树中的点数大于既定的一个数值，在子空间内再按上述规则插入超平面，依次下去形成了一个空间二分树（binary space partitioning）。K-D 树可以使用在多种应用场合，如多维键值搜索（例如范围搜寻及最邻近搜索）。但是 K-D 树仅适用于空间点数据的检索，对于线数据或面数据，则难以简单地用超平面来分割。

其实，地理空间数据与计算机领域的多维数据还是有着本质的区别。制约多维索引在空间数据应用中另一个重要原因是：地理空间数据的无序性（Theodoridis，2000），即地理数据有位置和形状的差别，排序对于地理空间数据意义不大。另外，计算机领域的多维数据空间中各个维度是相互独立的，而地理数据实质是多维数据在空间上的一个组合，例如，地理空间中的 MultiPoints、Polyline、Polygon 实际上是 Point 的逻辑组合。因此，多维数据可能还可以使用关系型数据库的几个字段来进行勉强的组合，但是对地理空间数据是完全不适用的，必须使用面向对象的字段进行存储。地理空间数据的这个特性使得关系数据库很难将地理空间数据的查询处理流程整合到关系数据库中，使上述的高效多维度索引也不再适用于复杂的地理空间数据。

在经历了近半个世纪发展后，GIS 领域形成了几种比较流行的空间索引或者说索引家族，包括格网索引（Nievergelt et al.，1984），四叉树索引（Gargantini，1982；Samet，1984；Orenstein，1986）和 R-树索引（Guttman，1984）。这几个索引的核心思路大体一致，即剖分空间，采用分而治之的思想建立索引。在索引目录的指引下，空间索引可以迅速的缩小到指定区域或者排除无效区域，定位到符合要求的空间对象候选集。

1. Grid 索引

Grid 索引是将研究区域用横竖线条划分大小相等和不等的格网，每个格网可视为一个桶（bucket），它记录了落入每一个格网区域内的空间实体编号。当用户进行空间查询时，首先计算出用户查询对象所在格网，然后再在该格网中快速查询所选空间实体，从而加速了空间索引的查询速度。

以图 2-20(a)中的三个空间要素为例，我们可将其划分为 $m \times n$ 的格网。若将空间区域划分为 2×2 的 4 个格网，则要素落入格网 A、B、C、D 的情形，如图 2-20(b)中的索引 1 所示；若将空间区域划分为 4×4 的 16 个格网，则要素落入格网 1～16 的情形，如图 2-20(b)中的索引 2 所示。若需查找与某一矩形框相交的空间对象，首先根据空间格网的划分方法可以快速地计算出与该矩形框相交的格网，然后从索引表中找到与这些格网相交的空间对象，再读取这些空间对象的空间坐标与空间查询区域做精确的空间相交判断，得到最终的查询结果。

格网索引最大的优点是简单，易于实现；其次，格网索引具有良好的可扩展性。格网化可以通过格网编号向正负方向上不断延展以反映整个二维空间的情况。可以看出，格网索引在追加新要素记录时，无论在扩展格网范围、还是增加格网记录项上，都有很好的可扩展性。格网范围的可扩展性是四叉树索引所不可比拟的。

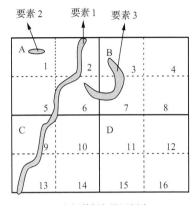

(a) 空间数据与格网划分

索引 1	
格网号	要素号
A	1, 2, 3
B	3
C	1

索引 2	
格网号	要素号
1	2
2	1
3	3
5	1
6	1, 3
7	3
9	1
10	1
13	1

(b) 两个不同级别的格网索引

图 2-20 空间数据及其格网索引

在实际应用中，格网大小的选择是个难题，格网过大可能落入某区域的对象数过多，而格网过小导致索引表过大；若再考虑空间数据的几何大小差异很大的情况，格网大小的选择就变成了一个更为复杂的问题。

2. 四叉树索引

四叉树索引就是为了实现要素真正被格网分割、同时保证桶内要素不超过某一个量而提出的一种空间索引方法。

四叉树索引首先将整个数据空间分割成为四个相等的矩形，四个不同的矩形分别对应西北(NW)、东北(NE)、西南(SW)、东南(SE)四个象限；若每个象限内包含的要素不超过给定的桶量则停止，否则对超过桶量的矩形再按同样的方法进行划分，直到桶量满足要求或不会再减少为止，最终形成一颗有层次的四叉树。以图 2-21(a)所示的空间数据为例，其中灰色填充的矩形分别为要素 1 到 19 的最小外接矩形(minimum bounding rectangle，MBR)。假定桶量不超过 4，则将数据空间最多进行两次等分即可[如图 2-21(a)中的实线所示]，其四叉树如图 2-21(b)所示。图中每个叶子节点存储了与本区域所关联的几何要素的标识及其覆盖的 MBR[如图 2-21(b)中方形结点所示]，非叶子节点则存储了本区域的地理范围。若桶量不超过 1，则还需要对图 2-21(a)中拥有 4 个要素的区域进行再划分，如图 2-21(a)中虚线所示。

四叉树索引在一定程度上实现了地理要素真正被格网分割，保证了桶内要素不超过某一个量，提高了检索效率。但是对于海量空间数据，四叉树索引的性能有可能并不十分理想。因为当空间数据量较大时，四叉树的深度往往很深，这无疑会影响查询效率；但如果压缩四叉树深度，又将导致划分到同一个区域的对象数过多，从而影响检索性能。此外，四叉树的可扩展性不如格网索引。若是扩大空间区域，则必须重新划分空间区域，重建四叉树；若是增加(删除)一个空间对象，则可能导致树的深度增加(减少)一层或多层，相关的叶子结点都必须重新定位。

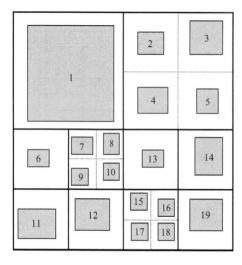
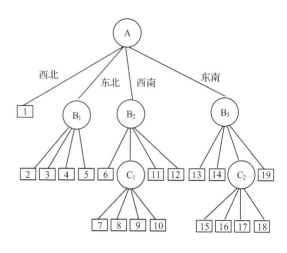

(a) 空间数据与四叉树划分　　　　　　　　　(b) 四叉树索引

图 2-21　空间数据及其四叉树索引

3. R-树索引

R-树是最早支持扩展对象存取的方法之一，R-树是一个高度平衡树，它是 B-树在 k 维空间上的自然扩展，具有 B-树高效的特点。R-树用空间对象的最小边界矩形（MBR）来逼近其几何形状，采用空间聚集的方式把相邻近的空间实体划分到一起，组成高一级的节点；在高一级的层次上，又根据这些节点的最小外包矩形进行聚集，划分形成更高一级的节点，直到所有的实体组成一个根结点。以图 2-22(a)所示数据为例，其中灰色填充的矩形分别为要素 1 到要素 9 的 MBR，虚线框为查询区域。根据上述逻辑，我们首先将其中的要素 1、要素 2 聚集为结点 a，要素 3、要素 4 聚集为结点 b，要素 5、要素 6、要素 7 聚集为结点 c，要素 8、要素 9 聚集为结点 d；然后我们再对结点 a～d 进行聚类，形成了结点 I、II；最后聚为一个根结点，如图 2-22(b)所示。

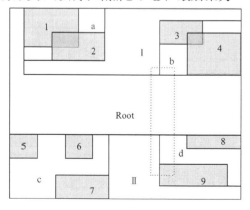
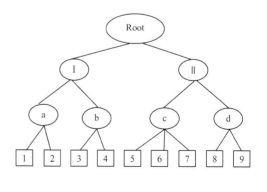

(a) 空间对象的 MBR 及其层次聚类　　　　　　　　　(b) R-树索引

图 2-22　空间数据及 R-树索引

　　为了找到与查询区域相交的所有空间对象，查找必须从根结点开始，首先判断根结点的 MBR 与查询区域是否相交，若相交则遍历其子结点，否则停止；在遍历子结点时，若子结点为非叶子结点，则重复上述的操作；若是叶子结点，则检测其 MBR 与查询区域是否相交；若相交，则将其视为查询候选集，再根据元组 TID 读取其精确的几何信息，进行精炼步的运算。以图 2-22(a) 中所示的虚线查询区域为例，首先我们检测到 Root 的 MBR 与查询区域相交，再根据 Root 的子结点指针找到结点 I 和结点 II；经检测结点 I 和结点 II 的 MBR 均与其相交，再根据结点 I 和结点 II 提供的子结点指针遍历其下级节点；经检测仅结点 b、结点 d 与其相交，再遍历结点 b、结点 d 的子结点；发现其子节点为叶子结点，再检测要素 3、要素 4、要素 8、要素 9 的 MBR 是否与查询区域相交，发现仅要素 9 的 MBR 与其相交，则根据其提供的元组 TID 从读取要素 9 的精确的几何信息，进行精炼步的运算。

　　R-树是最为经典并普遍公认的空间索引。自 Guttman(1984) 首次提出动态的空间索引 R-树以来，国内外学者开展了大量 R-树族的研究。1987 年，Sellis 等设计了 R^+-树以解决兄弟结点的重叠而产生的多路径查询问题；但 R^+-树同时也带来了其他的一些问题，例如，冗余存储增加了树的高度，使树的连锁更新操作更为复杂。1990 年，Beckmann 等提出了 R^* 树。他们认为区域重叠并不意味着平均检索性能很差，如何插入节点才是提高检索性能的关键。Kamel 和 Faloutsos(1995) 提出了使用 $n\text{-to-}m(m>n)$ 的节点分裂方法，这使得动态 R-树的构建节点更为密集，可以有效地节省空间资源和提升检索速度。

　　上面提到的都是动态索引。所谓动态索引是指在整个系统运行期间，树的结构随着数据的增删随时调整，以保持最佳的搜索效率；其优点是在插入或者删除数据时索引树能够自动调整；缺点是实现算法复杂。而静态索引结构通常在初始创建、数据装入时就已经定型，而且在整个系统运行期间，树的结构不发生变化，只是简单更新树结构内的数据而已；其优点是结构稳定，建立方法简单，存取方便；缺点是不利于更新；随着数据的不断增删，索引效率逐渐降低。当然上述动态索引也可以作为静态索引来使用，但这样必然会带来不必要的开销，因此大量静态索引不断涌现。第一个静态 R-树索引是由 Roussopoulos 等在 1985 年提出 Packed R-树。其基本思想是根据空间对象 MBR 的一个角点的 x 坐标或 y 坐标对空间对象进行排序，然后按照这个顺序将空间对象装载(packing) 到树的叶节点，并在叶节点上构建索引节点和根节点；按照 MBR 某角点的某维坐标进行排序并不能保证空间对象的聚集性，因此节点的空间利用率并不高。1993 年，Kamel 和 Faloutsos 提出一种基于分形曲线的静态 R-树压缩算法。分形 Hilbert 曲线将已知空间数据的中心点进行一维映射。根据 Hilbert 值进行装载树节点可以获得较好的数据集簇，从而提高 R-树性能。2001 年，Huang 等提出了 Compact R-树，即采用新的分裂算法提高存储利用率，减少结点分裂次数。2002 年，Brakatsoulas 等认为 R-树的本质上是一个典型的聚类问题，通过研究 R-树构建原理，采用通用的 $K\text{-means}$ 聚类算法提出 cR-树。由此可见，R-树变种很多，在不同环境、不同优化思路下，需要 R-树的理解做出适当的调整。

　　下面重点介绍 Ingres 空间数据库中常用的 Hilbert R-树。

4. Hilbert R-树

Hilbert R-树是利用 Hilber 分形曲线对 K 维空间数据进行一维线性排序，根据排序结果再构造 R-树。Hilbert 曲线是一种优秀的多维数据向一维映射转换的曲线（陆锋等，2001a；2001b）。Hilbert 曲线除了表达空间数据分布之外，还有一个很重要的特点是：对于输入的多维空间点输出的 Hilbert 值，如果多维空间点 Hilbert 值接近，则其空间位置往往也是邻近的。因此，Hilbert 曲线给出了一个很好的空间数据集簇方法，比传统的空间聚类（例如 K-mean 聚类）简单、高效。因此，基于 Hilbert 排序结果构造的 R-树其叶节点的空间对象往往聚集度较高，在某种程度上可以避免叶节点的重叠，提高检索效率。

Ingres 基于 Kamel 和 Faloutsos(1993)的思想实现了 Hilbert R-树。Hilbert R-树是基于 B-树扩展而来，其基本的增删改操作一样。不同之处在于：首先，Hilbert R-树中基表的数据均位于叶子节点中，而 B-树中基表的数据可位于树中的任何一个节点，即 Hilbert R-树中只有叶子节点的 TIDP 是有效的，而 B-树中任意节点的 TIDP 都是有效的；其次，B-树中任意节点的 KEY 都对应基表中的某条记录，而 Hilbert R-树中叶子节点的 KEY 是其 TIDP 对应几何对象的 MBR 值、非叶子节点的 KEY 是其所有子结点 MBR 聚合而成一个更大的 MBR。

Hilbert R-树是 R-树的一种，为了简化文本，后续将其简称为 R-树。Ingres 的 R-树继承了 B-树的所有优点。Ingres 中 R-树根节点、中间节点和叶节点的定义和 B-树相同；R-树的各节点填充因子、扇出和树高（一次的检索速度）与 B-树相同。R-树是一颗多叉、动态、平衡的索引树，R-树不用考虑溢出页面的情况。不像 HASH 索引和 ISAM 索引，后续的数据的增删操作或重复数据会造成大量的溢出页面。

5. 空间查询的两步执行过程

由于空间对象和空间操作的复杂性，空间数据库中空间查询操作一般分过滤和精炼两步进行执行，如图 2-23 所示。过滤步是利用几何对象索引信息以及几何对象的近似形状（例如几何对象的 MBR），检索出可能满足该空间查询条件的对象候选集；精炼步是对候选集中的空间对象按查询要求进行精确的计算处理，以获得满足查询条件的最终结果。

因此，空间索引主要用于空间查询执行的过滤步。在过滤步中，DBMS 根据空间索引排除大量无需参与精炼步的空间对象，从而提高空间数据库的检索效率。

在早期的空间数据库系统（例如，文件型系统或空间引擎型系统）中，空间索引是独立于数据库内核之外的；而对象关系型数据库管理系统（例如，Oracle、Ingres）则将可将扩展的空间索引引入数据库内核，为空间索引参与内核的查询优化过程奠定了良好的基础。

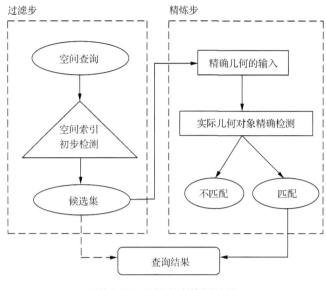

图 2-23 空间查询执行过程

2.2.4 空间数据的表结构

由于地理数据实质是多维数据在空间上的一个组合,例如,MultiPoints、Polyline、Polygon 实际上是 Point 的逻辑组合。多维数据可能还可以使用关系型数据库的几个字段来进行勉强的组合,但是对地理空间数据是完全不适用的,必须使用面向对象的字段进行存储。

Ingres 采用"主表+扩展表"方式存储空间数据。主表(prime table,PTab)的一行对应一个地理要素,显式地存储了该地理要素的 ID 以及常规的属性(例如,名称、类型等)。对于其几何属性(即空间大对像),则将其存在扩展表(extension table,ETab)中;但主表还隐式地存储了几何数据票根(coupon)信息,即几何数据在扩展表中的存储位置。票根具有结构和字节大小较稳定、存储空间远小于扩展表中几何数据的大小等特点。在 Ingres 中主表是由用户创建,扩展表是在用户创建基表的同时系统自动创建的。一般情况下,扩展表的数目与主表中空间几何列的数目一致。

在 Ingres 的扩展表中,几何数据采用用户自定义的数据类型存储。用户自定义数据类型在存储上对应为大对象(large object,LOB)数据类型。大对象数据类型有字符型大对象(character large object,CLOB)和二进制型大对象(byte large object,BLOB)两种。其实,字符型大对象在计算机中也是按二进制存储的;不同之处仅在于:字符型大对象对存储的二进制数据具有一定的解释能力,而二进制型大对象则不具备这种解释能力。考虑到效率的问题,Ingres 采用二进制大对象来存储几何数据。

在 Ingres 中,扩展表的存储结构是 B-树结构(图 2-24 所示),其中主键是 per_key,per_segment0,per_segment1 列的联合,per_key 也是外键(参照 PTab),而 per_segment0 和 per_segment1 联合起来标识一个唯一的空间数据存储段。由此可见,扩展表是将空间数据分割成了多个 segment 分段，大小是 1 978 个字节(byte)，每条记录对应了空间数据的一个 segment。当空间数据的存储空间超过这个字节数时，空间数据才会被分成多个段存储。per_value 存储了空间数据段的真实坐标值。当扩展表的大小达到极限之后，空间数据会存储到另一个扩展表中。字段 per_next 指示当前空间数据的下一个 segment 存储空间表的标号。

列名称	类型	键序	允许为空	缺省	缺省值	注释
per_key	TABLE_KEY (非系统维护)	1				
per_segment0	int	2				
per_segment1	int	3				
per_next	int					
per_value	byte varying(1978)					

图 2-24　Ingres 的扩展表列属性

由此可见，空间数据的检索常常需要涉及主表和扩展表，故一条空间数据的访问常常需要两次磁盘访问，即主表的一条记录和扩展表一条以上的记录。这个是传统数据的磁盘访问没有考虑到的。

2.2.5　空间数据库的执行操作算子

1. 空间数据的磁盘扫描

Ingres 中对于空间数据采用了二进制大对象的存储方式，即主表中仅存储了空间数据的地址，而真实的空间数据存储在扩展表中。因此，空间数据的扫描一般需要在主表和扩展表中同时进行扫描。因此，空间数据的扫描代价与结构化属性数据的扫描是有所区别的。

2. 空间选择操作

空间选择(即约束操作)是数据库读取空间数据的基本操作。空间选择操作是从一个数据集中找出与给定几何形状满足某种空间关系的所有空间对象。点查询、窗口查询都是常见的空间选择操作。

由于空间数据库中一个空间表常常只包含一个空间列，所以很少涉及投影(project)操作。

3. 空间连接操作

空间连接是数据库读取空间数据的另一基本操作。它是从两个给定的数据集中找出满足某种拓扑关系的空间数据对(Gaede et al.，1998；Shekhar et al.，2003)。如图 2-25 所示，在面状城市数据集 $\{c_1, c_2, c_3, c_4, c_5\}$ 和线状河流数据集 $\{r_1, r_2\}$ 之间，满足相交(ST_Intersects)的对象对为 $\{(r_1, c_1), (r_2, c_2), (r_2, c_5)\}$。

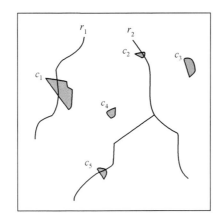

图 2-25　空间连接的例子(Springer，2014)

空间选择操作比较简单，下面重点介绍几种适于空间连接的执行操作。

(1) 笛卡儿连接

笛卡儿连接是万能连接操作，同样也适用于空间连接操作。对于外表的每个元组的 Geometry，都要挨个检查内表的每个元组 Geometry；若两个 Geometry 满足空间连接谓词，则返回该连接对。

(2) 排序-合并连接

排序-合并连接不适合空间数据，因为该连接需要对输入进行排序，并需要进行大小的比较，而排序、大小比较对空间数据没有任何的逻辑意义。但是有些空间连接方法还是借鉴了排序-合并连接思想，例如，基于分区的空间归并连接(partition based spatial merge join)(Patel et al.，1996)，它们是将空间位置进行了划分，对于相同区域的空间对象进行空间连接条件的验证。这种方法在理论上会加快连接效率，但是需要对空间数据做划分的预处理。

(3) 空间 KEY 连接

空间 KEY 连接通常是一个空间表(外表)与另一个空间表的索引表(内表)之间的连接，其实是一个粗匹配过程。以 R-树为例，其连接示意如图 2-26 所示。对于外表每个元组的 Geometry，在内表的 R-树中遍历各节点，找到那些结点 MBR 与该 Geometry 满足连接条件的结点，并获得结点中元组的存储位置。

(4) 空间 TID 连接

TID 连接仍然适合于空间连接中。在 Ingres 中，R-树结构只是存在于索引中，主表中不存在 R-树索引信息。所以，R-树扫描之后必须要出现一个 TID 连接。传统 TID 连接找到的数据就是精确查询的结果，而空间 TID 连接要比传统 TID 更为复杂。由于空间 KEY 连接是一个粗过滤过程，故空间 TID 连接除需根据索引表中 TIDP 读出基表中相应真实的数据外（如图 2-27 所示），还需基于读出的真实数据完成空间操作的精匹配工作。

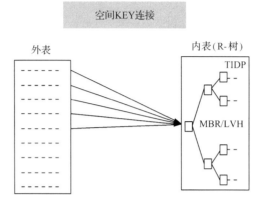

图 2-26　空间 KEY 连接示意图

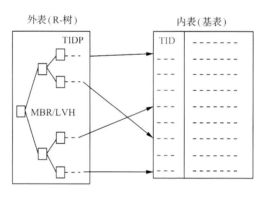

图 2-27　空间 TID 连接示意图

（5）空间哈希连接

Lo 等 1996 年提出的空间哈希连接就是传统 HASH 连接的改进版。这里不再赘述。

（6）R-树匹配连接

R-树匹配连接是空间数据库一种特有的连接。当参与查询的内、外表均有空间索引结构时，可采用 R-树匹配连接，如图 2-28 所示。R-树匹配连接是先利用参与连接的关系(表)索引进行粗略的空间连接匹配，再找出其 MBR 满足指定空间连接条件的空间对象对及其存储位置。

在 R-树匹配连接后，空间数据库常常再使用 TID 连接读出候选对象对的 Geometry，最后对候选集中的每一对空间对象进行精确的几何比较。

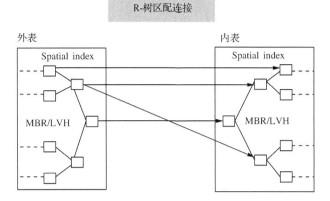

图 2-28　R-树匹配连接

为了加强对上述六种空间连接的理解，下面介绍一些空间查询的应用实例。若有空间表 a、空间表 b 及其空间索引表 b_sidx，假定空间查询条件为 a. shape(a 的空间列)与 b. shape(b 的空间列)ST_Intersects，则数据库执行该操作时，首先需要执行一个粗过滤，即对 a. shape 和 b_sidx 中几何对象的 MBR 进行 ST_Intersects 比较，该操作为典型的空间 KEY 连接；然后，需要根据 b_sidx 中满足粗过滤条件元组的 TIDP，到 b 表中查找正真的空间 shape 数据，再对 a 表中的 shape 数据和找出的 b. shape 数据进行 ST_Intersects 的精匹配操作，该操作为典型的空间 TID 连接。若有空间表 a、空间表 b 及其空间索引 a_sidx、b_sidx 时，则数据库先执行 R-树匹配连接，即基于 a_sidx 和 b_sidx连接找出几何对象的 MBR 存在 ST_Intersects 的情况；再根据候选元组对中的 TIDP，分别采用空间 TID 连接找到正真的空间数据；最后，基于候选元组对进行精匹配。

2.3　数据库查询处理流程与 Ingres 程序框架

2.3.1　数据库查询处理流程

本书是在传统属性代价评估框架的基础上扩展了空间代价评估模型，故本书介绍的空间查询处理流程框架与关系数据库基本一致。为了便于后续对空间查询优化中一些术语和概念的理解，这里以空间查询语句为例，介绍整个关系数据库查询处理的基本流程。图 2-29 给出了空间查询的流程框架，即从通信组件接收特定语法的查询语句作为输入，解析转换生成查询方案，通过优化和编译查询方案，生成最终的执行计划，最终由执行引擎执行并获取查询结果。下面分节介绍查询处理流程中的各个环节。

1. 查询解析

首先，对空间查询语句进行扫描、词法分析和句法分析。从查询语句中识别出语言符号，如空间函数、空间谓词、属性名和关系名等，进行词法和语法分析，判断 GSQL 语句是否符合相关的语法规则。

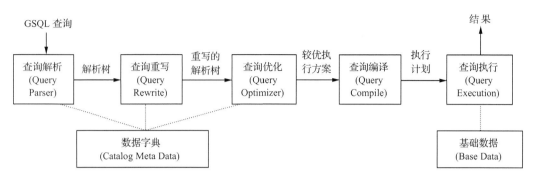

图 2-29 空间查询处理流程框架

然后，根据数据字典对合法的查询语句进行语义检查，即检查语句中的数据库对象，如数据类型、关系名是否存在并有效；还要根据数据字典中的用户权限和完整性约束定义对用户的存取权限进行检查。如果该用户没有相应的访问权限或违反了完整性约束，就拒绝执行该查询。

上述查询分析与检查通过后，系统将会把 GSQL 转换成等价的关系代数表达式，也称语法解析树(syntax tree)，来表示扩展的关系代数表达式。以图 2-30(a)的 SQL 语句为例，经查询解析阶段后，其语法解析树如图 2-30(b)所示，其中 Root 左子树为一左深树，其右侧的叶结点包含了该查询所需查询出的列信息，即 GSQL 中需要 select 的列信息；Root 的右子树则表示 Where 语句中的选择条件信息，除最右侧的 end 结点外，其他叶节点都表示一个列或常量，两两叶节点加上其父结点(包含空间谓词)则组成一个空间判断条件，这些判断条件再由其父节点按照优先级由各类逻辑连接谓词连接在一起。其中，range1 代表 POLYGON((60 60，70 70，80 60，60 60))，range2 代表 POLYGON((10 10，10 20，20 20，20 15，10 10))。

SELECT F.Geo, R.Geo FROM Forest F, River R
WHERE F.Geo ST_Touches R.Geo AND

    F.Geo ST_Intersects POLYGON((60 60, 70 70, 80 60, 60 60)) AND

    F.Geo ST_Intersects POLYGON((10 10, 10 20, 20 20, 20 15, 10 10))

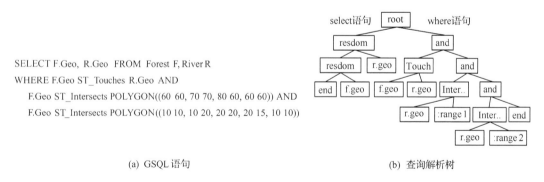

(a) GSQL 语句   (b) 查询解析树

图 2-30 GSQL 示例与其查询解析树

2. 查询重写

查询重写由一个复杂的规则引擎负责完成，其主要任务是在不修改原有语法的前提下，对内部表示的查询形式进行简化或者规范化。在处理过程中，其需要查询本身以及系统元数据相关的信息，但是不会考虑系统的物理状态。

查询重写组件主要的任务有：

（1）视图展开。对于 FROM 子句中出现的视图引用，重写模块需要根据系统元数据相关定义，将视图引用替换为相应的表列的引用。如果存在视图的嵌套，则需要进行递归展开；而且在处理中需要避免冗余，尽量取消嵌套查询和空值等问题。

（2）子查询展平（flattening）。采用展开变换，将带有比较运算符的子查询转换为相应的连接运算，将带有 Not Exists、或（Not）in、或 any 的子查询转换为包含在查询中的外连接，从而消除因子查询而带来的层次嵌套。

（3）利用德·摩根（DeMorgan）定律消除 not 算子（on、where、having 子句），使用多项式变换将逻辑表达式转换为合取范式。

（4）执行常量表达式，简化查询。采用空间谓词的运算与简化等规则对语法分析树进行简化、消除冗余。例如，对于图 2-30（b）中右下部分由两个 r.geo 与常量 range 1 和 range 2 构成两个 Interscet 条件分支，可简化为如图 2-31 所示的一个 Interscet 条件分支。

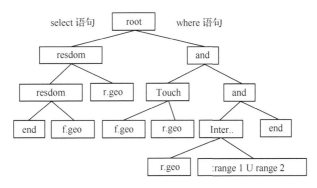

图 2-31 查询重写后的解析树

（5）谓词的逻辑重写，NFST 转换。另外，需要利用谓词的传递率来增加新的谓词，增强优化器选择方案和尽早选择元组以及索引选择的问题。

（6）语义优化。存储于系统元数据目录中的完整性约束可以用来简化查询（如，删除重复的连接）。

3. 查询优化

查询优化的主要任务是将查询重写阶段生成的查询解析树，转换为有效的执行方案，并提供给最终的执行引擎加以执行。其输入是包含连接或非连接关系的 n 个查询涉及的表及相关的参数信息，其输出是具有最（较）高执行效率的查询方案。按照优化的层次一般可分为代数优化和物理优化。

1）代数优化

代数优化主要是对关系代数表达式进行优化，即按照一定的规则，改变代数表达式操作的次序和组合，使查询执行更高效。最常见的代数优化就是查询树的启发式优化，相关的启发式规则有：①尽早执行选择运算。选择运算减少了关系中元组的数量，从而降低了后面关系处理的复杂度。选择运算一般使计算的中间结果大大变小，它常常可使执行时间节约几个数量级。②把投影和选择运算同时进行。如有若干投影和选择运算，并且它们都对同一个关系操作，则可以在扫描此关系的同时完成所有的这些运算以避免重复扫描关系。③把投影同其前或其后的双目运算结合，目的是减少扫描关系的遍数。④把某些选择运算同在其前面执行的笛卡儿积结合起来成为一个连接运算，连接特别是等值连接的执行时间远远低于笛卡儿积的执行时间。⑤提取公共子表达式。一个关系表达式如果含有多个相同的子表达式，那么只需计算一次公共表达式，把所得的中间结果存起来，以后每遇到这种子表达式，只需检索中间结果而无须重新计算。当查询视图时，此策略比较有用，因为每一次构造视图所用的表达式都是同一个。

以图 2-31 的解析树为例，我们可将该查询转化为图 2-32(a)所示查询方案，即先找出表 F 和表 R 中几何列相连接(Join)的对象对，再在这些对象对中找出表 F 几何列与range 1 和 range 2 合并区域(多多边形)相交的记录。为了使用关系代数表达式的优化法，我们不妨将其转化为用关系代数表示的查询方案[如图 2-32(b)所示]。利用规则①我们将 ST_Intersects 的选择操作移到叶端，利用规则④我们可以将 F. Geo ST_Touches R. Geo 的选择操作与它下面的连接操作，结合成为一个有条件的连接运算，其优化结果如图 2-32(c)所示。

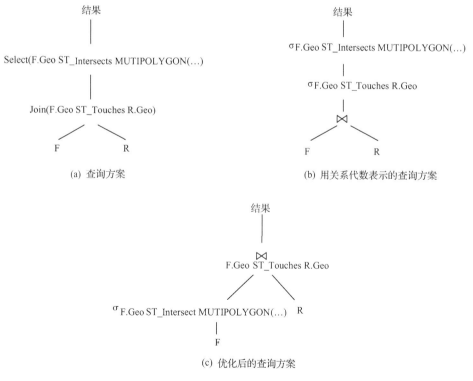

图 2-32　查询方案树的代数优化过程

代数优化仅改变语句中操作的次序和组合，不涉及底层的存取路径。事实上，在执行过程中同一空间关系运算在不同的数据情况下(如有无索引、不同数据选择率等)都会有多种执行算法和存取路径，因此，经上节启发式优化后的同一个查询树也会存在多种不同的执行方案，不同执行方案的效率也有较大差距，故仅进行查询树的启发式优化是不够的，还需要进行适当的物理优化。

2）物理优化

物理优化是指通过选择高效合理的操作算法或存取路径，求得优化的查询方案。常见的物理优化方法是基于规则的启发式优化方法和基于代价的优化方法。

（1）基于启发式规则的存取路径选择优化

基于启发式规则的存取路径选择优化主要是根据已有数据条件、操作算子、逻辑谓词，选择执行效率较高的执行算法。基于启发式规则的优化是定性的选择，比较粗糙，但是实现简单，且实现代价较小，适合解释执行的系统。在解释执行的系统中，查询优化和查询执行总是相伴执行的，优化开销总是包含在查询总开销之内的，因此优化的代价越小越好。而在编译执行系统中，查询优化和查询执行是分开的，即一次编译优化、多次执行，因此可考虑采用精细复杂的基于代价的优化方法。尽管其优化代价较高，但若一次高效的优化能提高多次执行的效率，其优化开销也是值得的。

（2）基于代价的优化

基于代价的优化方法是通过某种数学模型计算出各种查询执行方案的执行代价，然后选择代价最小的执行方案。在集中式数据库中，查询的执行开销主要包括磁盘存取块数（I/O 代价）、处理机时间（CPU 代价）和查询的内存开销；在分布式数据库中还要加上通信代价。由于 I/O 一直以来都是计算机性能的瓶颈，多年来关系数据库的代价估算主要集中在 I/O 上；但是空间查询即是 I/O 密集型，又是计算密集的操作，因此空间数据库不仅要关注 I/O 代价，还要关注 CPU 代价。

3）混合的查询优化方法

在实际数据库管理系统中，查询优化器通常会综合运用上述两类优化技术。因为可能的执行方案很多，要穷尽所有的方案进行代价估算往往是不可行的，会造成查询优化本身付出的代价大于获得的益处。为此，常常先使用启发式规则，选择若干较优的候选方案，减少代价估算的工作量；然后分别计算这些候选方法的执行代价，较快地选出最终的优化方案。

此外，为了避免查询优化本身付出的代价过高，数据库通常都会给出一个代价估计的容忍值；若目前查询优化的代价已超过该容忍值，则将目前找到的相对较优的执行方案提交给查询执行模块。

4. 查询编译与执行

查询执行阶段主要是对已得到的较优执行方案进行执行过程的细化，编译生成相应的执行代码，并交给查询执行引擎执行，最终将查询结果返回给客户端。该阶段是对数据库提供的若干实现查询操作的算法进行具体化组装的过程。

此阶段涉及的内容更为底层，除空间关系运算的各种执行方案算法外，有关编译、代码生成的部分本书不做介绍。

2.3.2　Ingres 查询处理的程序框架

针对上述复杂的查询优化过程，Ingres 都进行了相应的实现，可见 Ingres 是对关系数据库查询优化理论最经典、最全面、最具体的诠释。后续有关空间查询优化的研究就是基于 Ingres 相关理论展开扩展的，并在 Ingres 软件框架下实现。因此，本节简单介绍一下 Ingres 后端的体系结构及查询处理流程。

Ingres 后端是数据库最重要的部分，它负责完成用户数据的存取，用户查询的解析、优化与查询；同时还肩负着数据库的日志管理、锁管理以及数据恢复等任务。图 2-33 给出了 Ingres 后台内核组件及其相互调用关系。为了便于对后续空间查询优化实现的理解，这里将简单介绍图 2-33 中各模块的功能。GCF(general communications facility)负责管理管理 Ingres 各组件间的通信；SCF(system control facility)负责处理连接请求和授权过程，主要用于决定一个查询如何执行，如何创建、分派、销毁进程；QSF(query storage facility)负责存储查询过程中的一些中间结果或数据对象，并在不同的模块中传递；PSF(parser facility)负责解析查询文本，并将其翻译为内部格式(查询树)，该结果由 QSF 负责存储；RDF(relation descriptor facility)负责提供数据库对象(例如数据库、表、视图等)的基本信息，主要服务于 PSF 模块，为查询文本解析过程提供有效性检测，例如，查询文本中的表是否存在，用户能否访问该表等；OPF(Optimizer Facility)负责根据 RDF 提供的统计信息和启发式规则，为存储在 QSF 中的查询树生成最(较)优查询计划，该结果仍由 QSF 负责存储；QEF(query exection facility)执行 OPF 生成查询计划；ADF(absrtact data facility)是 Ingres 数据库服务器的一个组件，其定义了数据库支持的数据类型、运算符、函数以及强制类型转换运算符，用于 Ingres 中的表达式评估，生成并执行表达式(简单投影运算、算数表达式、布尔逻辑)使用内部代码表示的表达式，ADF 也用来控制实现 OME(定义操作用户自定义对象)的逻辑；最底层的磁盘访问、缓存、锁、日志等处理，则由 DMF(data manipulation facility)负责完成。

以一个普通的查询操作为例，该操作的执行流程如图 2-34 所示。数据库查询从前端用户接口(嵌入式 SQL、终端或其他的查询源)经 GCF 传递到服务器端，GCF 调用 SCF 将查询传给已有的用户会话或新启动的会话。SCF 首先将查询语句存入 QSF 缓冲区，然后调用 PSF。PSF 从 QSF 处提取查询语句进行解析，基于 YACC6 的解析器 PSF 对查询文本进行词法、语法和语义分析处理。针对不同的声明语句，PSF 可能需要借助 RDF(关系描述组件)从系统数据字典中获取所需的数据库对象(表、视图、用户等)的定义，RDF 也使用缓冲区避免对系统数据字典的频繁访问。当需要访问时，调用

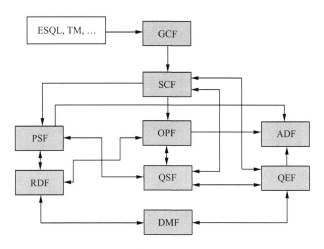

图 2-33 Ingres 后端内核组件及其相互调用关系

DMF 从系统表中获取数据。如果查询语句有效，PSF 将建立内部格式的语句（取决于具体的查询语句），生成查询解析树结构（parser tree，PST）。需要的话，PSF 会用系统表中的信息对解析树增加相关的信息。如果语句是一个需要 OPF 编译的声明语句，PSF 将解析树传给 QSF，并将解析树存储在查询缓存中。PSF 执行逻辑返回至 SCF，SCF 再调用 OPF 来把解析树编译成可执行的查询计划。OPF 调用 RDF 以获取额外的

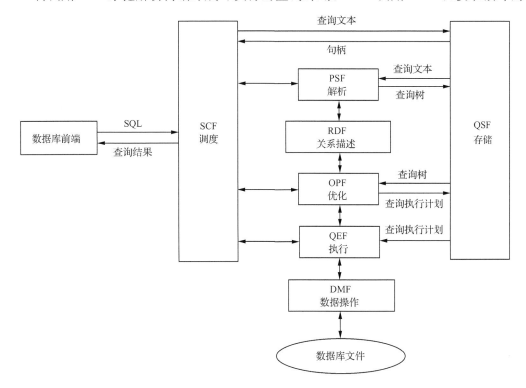

图 2-34 普通查询操作的执行流程

数据信息，编译查询计划并将其存储于 QSF 缓冲区中。随后 OPF 返回至 SCF，SCF 再调用 QEF 来执行查询计划。所有的数据库访问都要调用 DMF。查询结果通过 SCF，再经由 GCF 返回给前端用户。

下面章节主要基于上述已有空间数据类型、空间操作与函数、空间索引研究成果下，在 Ingres 的内核框架下，重点开展空间数据查询在计划枚举、代价评估以及直方图等方面的相关理论研究，探讨相应的实现途径及实验验证研究。

第3章 空间查询计划的生成

查询计划生成(也称计划生成)是指按某种规则将可能的计划罗列出来,例如穷举出所有查询计划,或者罗列出能囊括最(较)优计划的查询计划。查询计划的生成包括三阶段:首先,生成连接树树形,即树形枚举;其次,用排列组合的方法为连接树叶节点赋上相应的表,即表排列;最后,为连接树各节点添加具体的操作执行方法,即操作枚举;操作的执行方法与数据库系统支持的具体算法和操作密切相关。早期计划生成的研究重点是将所有可行计划罗列出来。但是当参与查询的表(含索引表)数目多于 10 时,搜索空间巨大,导致数据库不能忍受优化器消耗的时间,故查询计划生成的研究不得不转到尽量减小搜索计划空间的方向上来。与此同时,查询优化工作也就从寻找最优计划转移到寻找较优计划上来。

本章回顾了关系数据库中已有的各类查询计划的生成算法,但是空间计划生成的研究却十分少见;结合当前各类计划生成方法,本章提出了一种复合的空间查询计划生成方法,设计了连接树、表排列生成方法以及相应的操作枚举方法,根据空间连接的特点研究了一套空间启发式策略,避免了不必要查询计划的生成,缩小了枚举空间,最后进行了相关的实证研究。

3.1 查询计划生成方法综述

3.1.1 穷 举 法

穷举法是最容易想到的方法,即生成所有的可能计划。根据表连接的执行顺序,我们可以使用查询树来描述。最为直观的连接顺序有两种,即线性连接和迭代连接,分别对应左深树(或者右深树、齿状树等)和浓密树。

左深树的执行顺序是线性的,即从最深的左叶结点开始,逐依与同层的右叶结点进行连接,最终得到查询计划的连接结果。表在树中的位置不同将导致不同的执行效率,因此在左深树型的限定下,穷举法核心问题是表排列。现阶段排列生成算法很成熟,算法种类也比较多。经典的算法思想主要有:计数法、自上而下的递归法和自下而上的迭代法。现有经典算法在效率上有很大提高,甚至 Heap(1963)列举了 $N < 13$ 的所有换位规律,将这些规律记录起来当作字典来查找,这样速度肯定是最快,即只需要进行 $N! - 1$ 次交换就可以得到所有的结果。

浓密树的生成需要考虑浓密树形和表排列两个问题。其表排列的生成方法与左深树表排列生成方法一样。生成的浓密树算法过程比较简单,即采用从底向上递归连接结点产生最终的浓密树。

在实际应用过程中，穷举法会有相应的调整。Ingres 的优化器就是使用了穷举法对小于 10 个表(含索引表)的连接进行最优计划查找。当然，计划生成过程中也应用了一些启发式策略。例如，等值连接优先进行(即等值连接沉到树形底层)，这样可以直接丢弃一些不符合要求的树形，并跳过代价计算直接生成下一个树形。再如，在非对称树形的生成中，我们可以对结点的左右子树调换计算生成新树形，节省了树形生成以及子树代价计算的时间消耗。

3.1.2　动态规划法

暂不考虑连接树生成的代价，当表数目 N 为 17 时，穷举法表排列的搜索空间就为 355689428096000。这样最快的穷举也需要将近 10 年的时间，所以我们必须另辟奇径，尽量减少搜索空间，尽可能找出最优或较优的计划。动态规划法应运而生，在计划生成中它给了人们很多启发。

动态规划(dynamic programming)是运筹学的一个分支，是求解决策过程最优的数学方法。20 世纪 50 年代初美国数学家 R. E. Bellman 等在研究多阶段决策过程的优化问题时，提出了著名的最优化原理，把多阶段过程转化为一系列单阶段问题，逐个求解，创立了解决这类过程优化问题的新方法——动态规划。Selinger 等在 1979 年不仅提出了基于代价的查询优化，而且第一次用动态规划法为一个给定的连接树生成了"最优"查询计划。尽管它们最早是用于左深树，但是该算法仍然可用于浓密树。动态规划法已成为当今许多商业查询优化器的核心(Gassner et al.，1993)，并且一直以来都是分布式数据库连接顺序研究的重要基础(Kossmann et al.，2000)。

动态规划法简单、易于实现。目前，有三种经典的查询计划生成算法：DP-size、DP-sub 和 DP-ccp。

1. DP-size

广义上讲，动态规划方法是为解决大问题而产生的大策略。大策略是自下而上由小问题的解组成(Cormen et al.，2001)。递归地进行上述过程，我们可以通过连接计划 P_1(大小为 k)和 P_2(大小为 $n-k$)构造一个优化的计划 P(大小为 n)。伪代码如程序 3-1 所示。这里需要注意：①计划 P_1 和计划 P_2 的表集合不能相交；②计划 P_1 和计划 P_2 的所有表之间至少存在一个谓词连接。

```
DP-size
//输入：一个查询图：R = {R0, …, Rn-1}
//输出：一个优化的浓密连接树

For all Ri∈R {
    BestPlan({Ri}) = Ri ;
}
For all 1<s< = n ascending {              //查询计划的枚举空间
  For all 1< = s1<s {                     //左计划的枚举空间
```

```
          s2 = s-s1;                                    //右计划的枚举空间
          For all S1⊂R；|S1| = s1 S2⊂R；|S2| = s2 ｛   //s1、s2 分别是集合 S1、S2 的大小
             ++ InnerCounter;
             If(φ≠ S1 ∩ S2) continue;
             If not（S1 connected to S2）　continue;
             ++ CsgCmpPairCounter;
             P1 = BestPlan(S1);
             P2 = BestPlan(S2);
             CurrentPlan = CreateJoinTree(p1，p2);
             If(cost(BestPlan(S1∪S2))＞cost(CurrPlan)) ｛
                 BestPlan(S1∪S2) = CurrPlan;
             ｝
          ｝
       ｝
    ｝
    OnoLohmanCounter  =  CsgCmpPairCounter/2;
    Return BestPlan(⟨R0，…，Rn-1⟩);
```

程序 3-1　DP-size 伪代码

这个算法首先初始化每个表作为连接大小为 1 的最优连接计划。大小为 2 的最优连接在大小为 1 的连接基础上生成，这样算法递归构建大小为 s 的最优计划。每个连接大小为 n 的计划 P 是由大小为 S_1 的计划 P_1 和大小为 S_2 的计划 P_2 生成($S_1+S_2=n$)，因此计划 P_1 和 P_2 一定要在计划 P 之前生成。为了生成所有可能的子计划，必须经历程序 3-1 伪代码中的两重循环。此时，上述限制条件①和②要对生成的可能计划进行检测。如果检测通过，使用函数 BestPlan()找到前面已经计算的最优计划，这样最优子计划 P_1 和 P_2 就确定下来；再通过函数 CreateJoinTree()将这两个最优的子计划合并起来构造一个数为 n 的新查询计划；然后，用函数 cost()计算该计划的代价，如果该计划的代价比当前存储的最优计划代价低，则将其赋较为最优计划。

2. DP-sub

在算法 DP-size 伪代码中，我们可以看到需要大量生成并存储的这些最优子计划的操作。Vance 等(1996，1998)提出一个可以很大程度地提高子计划产生速度的算法。他们用这个方法生成包含笛卡儿积的最优浓密树。该算法与 DP-size 的核心不同在于产生子计划的算法。如果需要考虑笛卡儿连接，则他们的方法是几乎完美的、无法改进的。伪代码如程序 3-2 所示。

```
    DP-sub
    //输入：一个查询图：R＝{R0，…，Rn-1}
    //输出：一个优化的浓密连接树
    For all Ri∈R ｛
        BestPlan({Ri }) = Ri;
```

```
    }
    For 1< = i<2n-1 ascending {
      S = {Rj∈R | ⌊ i/2^j ⌋ mod 2) = 1}
      If not (connected S) continue;
      For all S1⊂S, S1≠ø do {
        ++ InnerCounter;
        S2 = S \ S1;          //从集合 S 中删除集合 S₁
        If(S2 = ø) continue;
        If not (connected S1) continued;
        If not (connected S2) continued;
        If not(S1 connected to S2) connected;
        ++ CsgCmpPairCounter;
        P1 = BestPlan(S1);
        P2 = BestPlan(S2);
        CurrPlan = CreateJoinTree(p1, p2);
        If(cost(BestPlan(S))>cost(CurrPlan)) {
            BestPlan(S) = CurrPlan;
        }
      }
    }
    OnoLohmanCounter = CsgCmpPairCounter/2;
    Return BestPlan( {R0, …, Rn-1});
```

程序 3-2 DP-sub 算法伪代码

DP-sub 算法也是先将每个表初始化连接大小为 1 的最优计划；然后，遍历集合 $\{R_0, \cdots, R_{n-1}\}$ 的所有非空集合，并为上述非空集合构建可能的计划。算法利用位向量来表达集合：整数 i 使用二进制表达包含了当前的子集；例如，从 1 到 $2n-1$ 的整数准确代表了集合 $\{R_0, \cdots, R_{n-1}\}$ 的所有非空子集，也包括该集合本身。For 循环从 1 开始，以 1 为增量，逐步生成所有的子集计划，并生成代价寻找最优计划。由于所有子集合都是在最优计划之前生成，并依据已经生成的最优子计划寻找最优计划，因此该算法是标准的动态规划方法。

3. DP-ccp

DP-sub 算法的枚举过程是很快的，因为每一步都是一个唯一计划的生成，即它会生成所有 $2n-1$ 个最优的子计划并存储；但是它本身也与 DP-size 算法一样，需要对计划进行连接测试。而有时子集之间的连接是不存在的，那么算法 DP-sub 仍然存在许多空循环。如果考虑笛卡儿连接，DP-Size 算法无法再进行改进；但是，由于笛卡儿连接会极大地增加搜索空间(Ono et al.，1990)，在查询计划中往往不提倡使用。如果不考虑笛卡儿连接，Moerkotte 等对 DP-size 算法进行了改进，提出了基于非笛卡儿连接的改进算法 DP-ccp(Moerkotte et al.，2006)。该算法的伪代码如程序 3-3 所示。

```
DP-ccp
//输入：一个查询图：R = {R0，…，Rn-1}
//输出：一个优化的浓密连接树
For all Ri∈R {
    BestPlan({Ri }) = Ri;
}
For all csg-cmp-pairs(S1，S2)，S = S1∪S2 {
     ++ InnerCounter;
     ++ OnoLohmanCounter;
    P1 = BestPlan(S1);
    P2 = BestPlan(S2);
    CurrPlan = CreateJoinTree(p1, p2);
    If(cost(BestPlan(S))>cost(CurrPlan)) {
            BestPlan(S) = CurrPlan;
    }
    CurrPlan = CreateJoinTree(p2, p1);
    If(cost(BestPlan(S))>cost(CurrPlan)) {
            BestPlan(S) = CurrPlan;
    }
}
CsgCmpPairCounter = 2×OnoLohmanCounter;
Return BestPlan({R0，…，Rn-1});
```

程序 3-3　DP-ccp 算法伪代码

算法核心是函数 csg-cmp-pairs()。算法首先生成能够组成连接对的所有连接，然后使用动态规划方法进行优化，生成结果。函数 csg-cmp-pairs() 首先用函数 EnumerateCsg() 枚举出所有的个数为 n、并且可以内部连接的所有集合；然后用函数 EnumerateCmp() 对可以内部连接的所有集合进行组合，最终生成了可以内部连接的新集合。算法优势在于有效连接对的高效生成，其时间消耗要比 DP-size 和 DP-sub 都要小。

3.1.3　贪　婪　法

穷举法会导致巨大的索搜空间。动态规划法用记录子计划的方法避免了穷举法大量的重复计算，但同时也出现了内存消耗过大的问题。贪婪法是针对上述两种方法存在的问题提出的，它加快了穷举法查询计划的搜索速度，也减少了动态规划法对内存的消耗（Cormen et al.，2001）。在贪婪法中，每个表都会对应着一个权重。典型的权重函数是表的行数。在给定表权重（weight）的情况下，贪婪法的连接顺序算法如程序 3-4 所示。

```
GreedyJoinOrdering-1({R0，…，Rn-1}，(＊weight)(Relation))
//输入：一套需要连接的表及其权重
//输出：一个连接顺序
```

```
S = φ;                                      //初始化一个空序列 S
R = {R0, …, Rn - 1};
While(! empty(R)) {
      Let k be such that: weight(Rk) = minRi∈R(weight(Ri));
      R \ = Rk;                             //从 R 中删除 Rk
      S + = Rk;                             //把 Rk 追加到 S 中
}
return S;
```

程序 3-4　贪婪算法 1 伪代码

其思想是从众多表中选出行数少的表先执行其查询操作，行数少的表其中间结果集也会较少，再用较小中间结果去过滤行数多的表，这样可以避免一些不必要的数据运算。但是，表行数少并不一定意味着其查询结果集就一定小，故贪婪法将后续操作改进为：从剩余表中选出与当前连接树连接产生结果集最小的表；即表排列不仅由表的大小决定，并且还要考虑表与当前连接进行操作的选择率（即查询结果集的大小）。故其算法如程序 3-5 所示。

```
GreedyJoinOrdering-2({R0, …, Rn - 1}, ( * weight)(Sequence of Relations, Relations))
//输入：一套需要连接的表及其权重
//输出：一个连接顺序
S = φ;                                      //初始化一个空序列 S
R = { R0, …, Rn-1};
While(! empty(R)) {
      let k be such that: weight(S, Ri) = min Ri∈R(weight(S, Ri));
      R \ = Rk;                             //从 R 中删除 Rk
      S + = Rk;                             //把 Rk 追加到 S 中
}
Return S;
```

程序 3-5　贪婪算法 2 伪代码

当然，我们可以继续改进算法，可以对集合 S 中的第一个表初始化进行设置，可以让任何一个表来初始化集合 S，结果会有 n 个计划，那么最佳计划将在 n 个计划中产生，取得代价最小即可。我们也可以对集合 R 中表的先后顺序进行设置，这也显然让计划更周全一些，但同时也加重了计划的搜索空间。

上述贪婪算法用于生成线性连接树，即左深树或右深树。Fegaras 提出了新的贪婪算法（greedy operator ordering，GOO），该算法可以生成浓密树（Fegaras，1997；1998）。算法核心思想与层次聚类思想(宋晓眉等，2010)类似，主要有三步：①使用所有的表对连接树的集合 Trees 进行初始化；②对集合 Trees 产生所有的连接对，挑选所有连接对产生的中间结果集最小的，进行连接并加到连接集合中；③将产生的新连接集合加入到集合 Trees 中，递归操作步骤②，直到集合 Trees 中只有一个连接集合。算法的伪代码如程序 3-6 所示。

```
GOO(⟨R0, …, Rn-1⟩)
//输入：一套需要连接的表
//输出：连接树
Trees：= { R0, …, Rn-1}
While(|Trees| ! = 1) {
    find Ti, Tj∈ Trees such that i≠j, | Ti Tj | is minimal
            among all pairs of trees in Trees
Trees- = Ti;
Trees- = Tj;
Trees + = Ti∞Tj;
}
return the tree contained in Trees;
```

程序 3-6　GOO 算法伪代码

GOO 算法加快了查询计划的生成，减少了内存的消耗，但是它实际上也只能获取较优的计划，并不一定会产生最优计划。GOO 算法减少了中间结果的记录，可以看成是动态规划法的一个变种。对任意中间节点，动态规划法记录了多个最（较）优计划，但是 GOO 算法只记录了其中一个，而且 GOO 算法"最优"结果也不一定是最优的，因为中间结果引用的前面较优子结果不是最优的。可见，GOO 算法比动态规划法更节省时间和空间，但是一般情况下得不到最优结果。

3.1.4　概　率　法

为了加快查找计划的收敛速度，解决动态规划法大量内存消耗的问题，除了贪婪算法，学术界研究了大量概率法。穷举法是在所有可能计划中寻找最优结果。由于搜索空间的超指数级增长，它适用范围比较窄。因此，研究者就想到能否只枚举搜索空间内的部分计划，在这些计划中找到较优计划，从而大大节省计划枚举的时间。随机法是最简单的概率法，而快速选择法、迭代改进法、模拟退火法、禁忌搜索、遗传算法则是加入了相应启发式规则使概率法的枚举向着较优计划指引方向进行。

1. 随机法

在得知当前参与连接的表的情况下，根据搜索空间内的一个随机数，生成该随机数所对应的查询计划。下面分别介绍基于左深树和浓密树的查询计划随机生成算法。

1）基于左深树的连接树生成

当参与连接的表数目确定时，其左深树树形是确定的，我们只需要生成的是该树形下的表排列。算法的思想是：假设搜索空间连接表的最大数目是 N，各种表排列可映射成 $[0, N! -1]$ 区间的非负整数，则 $[0, N! -1]$ 区间的一个随机数也对应一个表排列。在生成表排列后，生成含 N 个叶节点的左深树，然后，将排列对应的表按照从左向右的顺序赋给左深树的叶节点。例如，参加连接的 4 个表为 R_0、R_1、R_2、R_3，它们分别可用数字 0、1、2、3 代替，那么对于随机生成的表排列 1023 或 2301，其对应的左深树连接分布如图 3-1 和图 2-6 所示。

图 3-1　表排列 1023 对应的连接树

将连接树映射成数字的过程称为"秩化"，将数字映射成连接树的过程则称为"逆秩化"。对 N 个表建立随机的左深连接树实际上是随机产生一个排列的问题。我们首选需要寻找一个快速的"逆秩化"算法，它将映射所有的排列在区间 $[0, N! - 1]$。我们先只考虑数字 $\{0, \cdots, N-1\}$ 的排列，因为在数字和表之间的映射很容易实现，例如，通过序列映射。表的排列 $\pi = \pi_0, \pi_1, \cdots \pi_{n-1}$ 被定义为序列 $v = v_0, v_1, \cdots v_{n-1}$。$v_i$ 是表的数字，可以理解为位置序号。然而，这种方法的时间复杂度通常是 $O(n^2)$（Reingold et al.，1977；Liebehenschel，1997），至少也需要 $O(n\lg n)$（Tompkins，1956）。若使用一种特殊的数据结构，Dietz 算法的时间复杂度为 $O((n\lg n)/(\lg\lg n))$（Dietz，1989）。

下面介绍 Myrvold 和 RusKEY 提出的可能是当前最快的算法（Myrvold et al.，2001）。这个算法建立在标准的随机排列产生方法（Durstenfeld，1964；Moses et al.，1963）之上。序列 π 如下初始化 $\pi[i] = i$，$0 \leqslant i < n-1$。这时，执行下面循环

```
for(k = n-1; k>= 0; --k)
    swap(π[k], π[random(k)]);
```

函数 swap 交换两个分量，函数 random(k) 产生一个处于 $[0, k]$ 之间的数字。该算法生成的随机结果与已生成结果可能一样，但由于多次调用 random 函数，在生成随机排列的前期，结果重复的概率不大。这是算法高效的重要原因。这个算法随机挑选任何一个排列。假设有 n 个表进行排列，那么将会有 $n!$ 个排列。如果将所有的排列放在区间 $0 \sim n! - 1$ 之间，每个排列 r 就会唯一对应一个数字，而且会唯一对应一个数字序列。我们可以采用下面的方法将排列 r "逆秩化"为数字排列。首先，设置 $r_{n-1} = r \bmod n$ 执行交换。然后定义 $r' = \lfloor r/n \rfloor$，并且递归"逆秩化" r' 构建 $n-1$ 个分量的排列。程序 3-7 代码实现了这个思想。

```
Unrank(n, r) {
//输入：被枚举的元素个数 n，需要构建的秩 r
//输出：一个枚举 π
    for(i = 0; i<n; + + i) π[i] = i;
    Unrank-Sub(n, r, π);
    return π;
}
```

```
Unrank-Sub(n, r, π) {
    for(i = n; i>0; − − i) {
            swap(π [i-1], π [r mod i]);
        r = ⌊ r/i ⌋;
    }
}
```

程序 3-7　基于左深树的概率法伪代码

2) 基于浓密树的连接树生成

下面我们介绍包含笛卡儿连接的浓密树生成算法，算法步骤如下：①在 $\left[0, C_{2n-2}^{n-1}/N\right]$ 区域中产生随机数字 b；②将 b 逆秩化为包含 $n-1$ 个内结点（非叶节点）的浓密树；③在 $[0, n!-1]$ 区域中产生随机数字 p；④将 p 逆秩化为一个表排列；⑤按照左深度优先的法则遍历步骤②中产生属性，将步骤④表排列中的表依次付给遍历过程中遇到的叶节点。

上节基于左深树连接计划生成方法中，重点介绍了步骤③、步骤④中的算法。下面我们重点介绍步骤②中浓密树的逆秩化过程。在介绍逆秩化过程前，我们先了解下浓密树的秩化过程。

● 秩化过程

对于给定的一个连接树，从根节点开始，按照深度优先的方法遍历，当我们遇到一个内结点的时候，我们编码 "1"；当该内结点的最后一个叶节点被找到的时候，我们编码 "0"；对一个具有 n 个内结点的连接树（叶节点个数就是 $n+1$），我们使用长度为 $2n$ 的 01 字符串表示，对于每个 "1"，后面都会有一个 "0" 与之对应，依次记录下字符串中 "1" 所在的位数。例如，图 3-2 中的第一棵树的编码为 11110000，其中第 1、2、3、

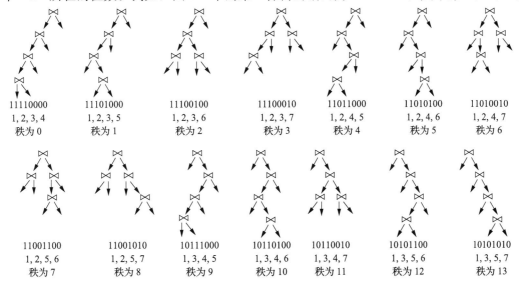

图 3-2　5 个叶节点的二叉浓密树秩化过程

4 位出现了 1；在将出现 1 的排列转化为数字，按从小到大的顺序排列就形成了该树形的秩。图 3-2 给出了含 5 个叶节点的浓密二叉树的 14 种可能连接树形及其对应的编码、编码中 1 出现的位置排列、编码的秩。

● 逆秩化过程

浓密树的逆秩化过程需要基于一个 Ballot 数的三角格网完成。以表数据为 5、秩为 6 的逆秩化过程为例，首先需要建立图 3-3 的三角格网，其纵坐标 j 为连接树非叶节点的个数 4（即 5-1），横坐标 i 为上述非叶节点的子节点个数 8（即 4×2）；假设从 $(0,0)$ 到 (i,j) 只能沿着斜上或斜下的路径行走、且不能走回头路，则从 $(0,0)$ 到 (i,j) 的不同路径数目可根据式（3-1）算出，从 (i,j) 到 $(2n,0)$ 的不同路径数目可使用式（3-2）计算（Liebehenschel，1998；2000）。例如，图 3-3 中 $(1,1)$ 左边的数字是 14，则表示从点 $(1,1)$ 到目标点 $(8,0)$ 的可选路径为 14 条，即 Ballot 数。

$$p(i,j) = \frac{j+1}{i+1} \times C_{(i+j)/2+1}^{i+1} \tag{3-1}$$

$$q(i,j) = p(2n-i,j) \tag{3-2}$$

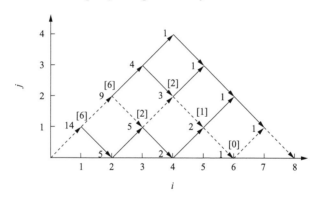

图 3-3　三角格网

假设我们有一个秩数 r，在图 3-3 的三角格网上从 $(0,0)$ 开始，按沿着斜上或斜下方路径、且不能走回头路的规则行走，当右上方结点左边的数字大于秩时，该秩沿右斜上方的路径移动；否则，该秩沿右斜下方的路径移动，移动后的秩需要减去右斜上方的 Ballot 数。以秩数 6 为例，从 $(0,0)$ 开始，检测到其斜上方 Ballot 数为 14 的结点，由于 14>6，则沿斜上方前进（如图 3-3 中虚线所示）；再检测到其斜上方 Ballot 数为 9 的结点，仍沿斜上方前进；当检测到其斜上方 Ballot 数为 4 的结点时，由于 4<6，则仍沿斜下方前进，此时秩为 6-4=2；再检测到其斜上方 Ballot 数为 3 的结点时，由于 3>2，则沿斜上方前进。按上述规则以此类推，秩 6 经历了图 3-3 中虚线所示的路径。若将斜上方的路径定义为"1"、斜下方的路径定义为"0"，则其路径正好对应为"11010010"，即图 3-2 中秩为 6 的编码树。

上述过程可用程序 3-8 的伪代码实现。

```
UnrankTree(n, r)
//输入：内节点数 n，秩 r∈[0, C(n-1)]
```

```
//输出：编码树
lNoParOpen = 0;
lNoParClose = 0;
i = 1;        // 当前的编码
j = 0;        // 编码数组中的当前位置
while (j < n) {
    k = q(lNoParOpen + lNoParClose + 1, lNoParOpen - lNoParClose + 1);
    if (k <= r) {
        r- = k;
        ++ lNoParClose;
    } else {
        aTreeEncoding [j + +] = i;
        ++ lNoParOpen;
    }
    ++ i;
}
```

程序 3-8　基于浓密树的概率法伪代码

2. 快速选择法

Waas 和 Pellenkoft(1999，2000)提出了快速选择算法，算法的主要思路是随机挑选查询图中的一个连接边，再通过该连接边随机生成连接图。该方法随机生成的方案有一定指向性，故实用性较强；其伪代码如程序 3-9 所示。

```
QuickPick(Query Graph G)
//输入：一个查询图 G = ({R1, …, Rn}, E)
//输出：一个浓密连接树
BestTreeFound = any join tree
while stopping criterion not fulfilled {
    E' = E;
    Trees = {R1, …, Rn};
    while (|Trees| > 1) {
    choose e ∈ E';
        E'- = e;
        if (e connects two relations in different subtrees T1, T2 ∈ Trees) {
            Trees - = T1;
            Trees - = T2;
            Trees + = CreateJoinTree(T1; T2);
        }
    }
    Tree = single tree contained in Trees;
    if (cost(Tree) < cost(BestTreeFound)) {
```

```
                BestTreeFound = Tree;
            }
        }
    return BestTreeFound
```

程序 3-9　快速选择法伪代码

3. 迭代改进法

Swami 等(1989，1988)和 Ioannidis 等(1990)在连接顺序中使用了迭代改进的思路。主要思路是从一个随机的计划开始，从一个规则集中随机挑选一个转换，如果转换能够使得连接的代价降低，那么就进行改进。上述操作不断进行指导不可能再将当前的计划进行改进为止。其伪代码如程序 3-10 所示。

```
IterativeImprovementBase(Query Graph G)
//输入：一个查询图 G = ({R1, …, Rn}, E)
//输出：一个连接树
do {
    JoinTree = random tree
    JoinTree = IterativeImprovement(JoinTree)
    if (cost(JoinTree) < cost(BestTree)) {
        BestTree = JoinTree;
    }
} while (time limit not exceeded)
return BestTree
IterativeImprovement(JoinTree)
Input: a join tree
Output: improved join tree
do {
    JoinTree' = randomly apply a transformation to JoinTree;
    if (cost(JoinTree') < cost(JoinTree)) {
        JoinTree = JoinTree';
    }
} while (local minimum not reached)
return JoinTree
```

程序 3-10　迭代改进法伪代码

迭代改进法的变量数目很多。第一个参数是要使用的规则集。对于左深树，规则集包含交换操作和三个大循环即可(Swami et al.，1988)；但是对于浓密树，只有包含交换性、关联性、左连接变换和右连接变换的完全集才会有意义。Ioannidis 等(1990)提出的规则集可以搜索浓密树的整个搜索空间。第二个参数是如何定义本地最小循环个数是否已经达到。由于所有可能的邻近连接树的代价是昂贵的，所以有时候子集的大小 k 就要被考虑到。例如，k 可以限制于查询图中边的数目(Swami et al.，1988)。

4. 模拟退火法

迭代改进法的缺点是可能会使查询计划陷于局部最优；因为它只能执行对当前计划的前进操作，而不能回滚，导致错过一些更好的查询计划。模拟退火算法则允许查询计划向一个昂贵的方向移动，以便跳出局部最优的状况（Swami et al.，1988；Ioannidis et al.，1990；Ioannidis et al.，1987）。当然，也不是考虑所有的查询计划，也只有那些代价增幅没有超过一定限制的计划才会被考虑选到当前的较优计划中。随着时间的变化，这个限制会进行递减。常用的思路是引入一个"温度"的概念和执行选择交换的概率。一般的模拟退火法如程序 3-11 所示。

```
SimulatedAnnealing(Query Graph G)
//输入：一个查询图 G = ({R1, …, Rn}, E)
//输出：一个连接树
BestTreeSoFar = random tree;
Tree = BestTreeSoFar;
do {
    do {
      Tree' = apply random transformation to Tree;
      if (cost(Tree') < cost(Tree)) {
          Tree = Tree';
      } else {
          with probability e-(cost(Tree')-cost(Tree))/ temperature
          Tree = Tree';
      }
      if (cost(Tree) < cost(BestTreeSoFar)) {
          BestTreeSoFar = Tree';
      }
    } while (equilibrium not reached)
    reduce temperature;
} while (not frozen)
return BestTreeSoFar
```

程序 3-11 模拟退火法伪代码

除了改变查询计划使用到的规则集外，初始温度、温度的递减值、平衡温度和冻结温度直接决定了该算法的行为。很多文献（Swami et al.，1988；Ioannidis et al.，1990；Steinbrunn et al.，1997）对上述参数进行细小变动来改进算法。

5. 禁忌搜索

禁忌搜索法的基本思想是考虑在所有通过转换可以达到的邻域内找到代价最小的，即使它比当前计划的代价还要高（Morzy et al.，1994）。为了避免进入重复循环，必须建立禁忌表。它包括产生的上一个连接树，并且算法不允许再去搜索它们。这样，该算法就可以跳出局部最优，因为最终在一定的邻域范围内所有的结点将会出现在禁忌表中。搜寻停止的条件是在当前发现的最好计划中通过给定数目的迭代或者邻域集减去禁忌表之后为空。禁忌搜索算法如程序 3-12 所示。

```
TabuSearch(Query Graph)
//输入：一个查询图 G = ({R1, …, Rn}, E)
//输出：一个连接树
Tree = random join tree;
BestTreeSoFar = Tree;
TabuSet = φ;
do {
    Neighbors = all trees generated by applying a transformation to Tree;
    Tree = cheapest in Neighbors \ TabuSet;
    if (cost(Tree) < cost(BestTreeSoFar)) {
        BestTreeSoFar = Tree;
    }
    if( | TabuSet | > limit) remove oldest tree from TabuSet;
    TabuSet + = Tree;
} while (not stopping condition satisfied);
return BestTreeSoFar;
```

程序 3-12　禁忌搜索法伪代码

6. 遗传算法

遗传算法是从适者生存的大自然进化论法则获得启示(Goldberg，1989)。该类算法面向一个群体，这个群体能够一代一代地向前进化。那些竞争中胜利者都是在上一代的基因交叉或者变异中产生，产生的当前一代最适宜的部分群体会选择出来遗传到下一代中。第一代是在一个随机的过程中产生。

遗传算法遇到的第一问题是如何表示个体与群体，即如何实现表与连接树的编码。针对左深树和浓密树两种情况，文献(Steinbrunn et al.，1997；Bennett et al.，1991)提出的序列表法和顺序数法两种编码方法。假设关系 R_1，…，R_n 参与连接，并且用索引 i 来标志关系 R_i。

● 有序列表编码法：对于左深树，其编码与表索引的排列顺序一样。例如，左深连接树$(((R_1 \bowtie R_4) \bowtie R_2) \bowtie R_3)$，其编码为"1423"。对于浓密树，Bennet 等(1990，1991)提出：首先建立一个不考虑笛卡儿连接的连通图，对连通图的每一个边编上序号[如图 3-4(a)]，以浓密树图 3-4(b)为例，按照自下而上、自左而右的顺序遍历查询树，并依此记录下连接在图 3-4(a)中对应的编号，形成该连接树的编码，如图 3-4(c)所示。

● 顺序数编码法：与有序列表法的区别在于，每个编码后，都要从列表中删除对应的码字。对于左深树，在关系链表 L 中取得第一个关系并将码序列的第一个码字赋值关系的当前位置序号之后，该关系从链表中删除。重复上述操作，直到编码完毕。例如，左深连接树$(((R_1 \bowtie R_4) \bowtie R_2) \bowtie R_3)$可以编码成"1311"。对于浓密树，算法面向的对

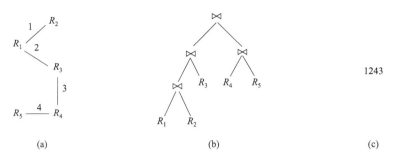

图 3-4　连通图、连接树与编码

象仍然是连通图的边。一个边使用两个关系当前位置序号表示。仍然不断地执行编码一个删除一个的原则，直到编码完毕。例如，$((R_1 \bowtie R_2) \bowtie (R_3 \bowtie R_4))$ 被编码成"122312"。

遗传算法遇到的第二问题是如何定义选择、交叉和突变操作。

● 交叉操作：一个交叉操作会从两个个体产生一个新的方案，即两个部分的方案组合在了一起。很明显，交叉操作定义是依赖于编码方法的。子序列交换和子集交换是两种常见的交叉操作。假设两个具有染色体 $u1v1w1$ 和 $u2v2w2$ 的个体，我们可以产生 $u1v1'w1$ 和 $u2v2'w2$ 的个体。vi' 是在 vi 中关系的一个排列，它们的出现顺序与 $u3-iv3-iw3-i$ 的关系是一样的。对于顺序数编码法，使用子序列交换的操作，必须要求 vi 的长度是相等的，并且要求它们移动的长度是相等的，即 $|u1| = |u2|$，然后简单地交换 vi，就会得到 $u1v2w1$ 和 $u2v1w2$。子集交换只应用于序列表编码。在两个染色体中，我们找到两个长度相等并且对应的关系，这个子集进行简单的交换即可。

● 变异操作：一个变异应该是随机的改变编码中的一个子队列。这里应该注意的是，防止重复的子队列出现。那么我们可以在有序列表编码中交换两个子队列是一个不错的变异方法。

● 选择操作：一个连接树的生存可能性由它在群体中的等级来决定。也就是说，我们计算对每个群体成员编码的连接树的代价。这时，我们按照全体的各自代价排列全体，每个个体都会有一个概率，最好的计划具有最大的概率，并且有很大可能生存下来。当每个个体都有一个生存的概率，我们就考虑依据概率随机选择个体。当然，某个个体的概率越大，生存的机会就越大。

基于上述定义，遗传算法的工作原理如下。首先，我们创建一个给定大小的随机群体。我们按照给定概率进行交换和变异的操作，比如，每个成员的 65％ 参与交换，5％ 参与变异。在取得指定大小的群体之后我们执行选择操作。遗传算法在一定的递归次数之内对全体群体没有进一步改进就会停止。

3.1.5　复合算法

上述四类算法是当前数据库表连接获取最佳连接顺序的主要方法。方法各有优缺点，所以有很多学者将上述各类方法联合起来，扬长避短，提出了许多复合的算法，算法如下。

● 两步优化法：包含了递归改进法和模拟退火法(Ioannidis et al.，1990)。对一定数目的随机生成的初始树，用递归改进法找到一个局部最优，再用模拟退火算法寻找局部最小邻域内的更优计划。

● AB算法：基于IKKBZ算法解决了存在的一些限制问题(Swami et al.，1992)。首先，若查询图是环形，则选择其最小生成树；然后，AB算法支持嵌套循环连接和排序合并连接的代价评估，其中为了使排序合并连接的代价函数满足ASI属性，对其进行了简化；接着，连接算法在IKKBZ被调用之前随机地加以分配；最后，还需要进行迭代改进。

● 导向模拟退火算法：它由Lanzelotte、Valduriez和Zait提出，应用于分布式数据库系统中，其搜索空间相对集中式数据库系统来说更大。基本思想是对n个需要进行连接的关系，模拟退火算法被调用了n次，而每一次的初始连接树都不一样。每次连接顺序放入由GreedyJoinOrdering-3生成的集合Solution中，这些集合作为模拟退火的起点。

● 迭代DP算法：迭代DP算法结合了启发式的算法与动态规划算法，目的是克服两种算法的弊端。它有两种衍生算法(Kossmann et al.，2000；Shekita et al.，1993)。一种算法(IDP-1)是其首先创造包含k个关系的连接树，将其合并为一个中间关系，将该中间关系放入关系集，并去掉组成中间关系的上述k个关系；之后重复上述操作，直至剩下一个中间关系，算法停止。另一个算法(IDP-2)是先使用贪婪启发式算法生成大小为k的连接树；对于更大的子树来说，则用动态规划算法对其进行改进。Kossmann等(2000)对这些算法进行分析，结果表明，最好的算法是IDP-1的衍生算法。

3.1.6　小　　结

上述研究表明，数据库查询优化中连接生成的方法很多，前后出现的算法达几十种之多。不同的前提或假设，可采用不同的方法。对于较早出现的确定性的穷举法，一般考虑的是尽可能地将所有的计划生成出来。在表数目数(含索引表)不超过10时，可以用穷举法。但是该过程的时间消耗随着表个数的增多是巨大的，让人难以忍受。更让人难以接受的是在穷举过程中，很多前面计算的子计划代价要不停地重复运算。

动态规划方法是比较经典的算法，它主要是使用一定的内存空间存贮子计划的结果，在进行上层计划的生成时使用已经生成的最优子计划的结果，避免了大量重复计算。与穷举法相比，节省了大量的计算操作和时间。但是动态规划法在表数目较多时，仍然需要耗费大量时间，且耗费大量内存。因此，该方法只适合在表的数目不多的前提下使用。

贪婪算法可以解决上述两种算法的问题，它加快了计划的寻找速度，但是生成的计划可能不是最低代价。贪婪算法的结果往往依赖于数据初始输入的顺序或归并顺序，因此对数据的依赖性很大。但是当表数目较大时，贪婪算法不失为一个不错的选择。现行的贪婪算法在时间上有很大优势，一般都能将指数级的时间复杂度降低到多项式级(一般是3次多项式)，在保证时间复杂度不提高的前提下搜索空间可以尽可能地增大，并使用启发策略尽可能、尽早删除较差的计划，扩大对最优计划的覆盖率。

概率法的种类也很多，虽然该方法有很强的不确定性，但是早期人们还是花费了很大的心血研究不确定性的应用，也产生了很多算法思想。后面出现了很多具有导向性质的概率法，例如，迭代改进法、遗传变异、模拟退火和禁忌搜索法等，往往是在较优计划的邻域里面搜索。我们前期做过简单实验，发现该类具有导向性质的算法只有在大量循环或者较长时间的搜索后才能有较好的计划产生。另外，数据库的查询优化模块内部都比较精细，每一环节的操作都应该比较精确，最终的计划才能够准确。概率法用一个不确定的因素代替这个复杂过程，显然是一个不妥的方法。因此我们认为，概率法在查询优化中并不是一个合理的方法。

相比之下，复合算法具有很强的适应力。它可以扬长补短，借鉴上述算法的长处，又回避其短处，组合运用各种原算法。复合算法的思路值得我们借鉴和使用。

3.2 一种复合的空间查询计划生成方法

基于上述理解，本节提出了一种复合的空间查询计划生成方法，即采用穷举法保证计划的完备性；同时借鉴动态规划法思想，记录枚举过程中产生的每个子计划及其执行代价，从而避免不必要的重复计算。此外，针对空间数据的存储、操作的特殊性，加入了相应的启发式策略或规则，指引计划枚举向着较优计划方向进行，减少了搜索空间，提高了查询优化的执行效率。

本节提出的空间查询计划生成方法是在关系数据库查询计划生成框架下完成的，具体算法如下。

● 产生连接树树形：连接树的叶节点个数是参与查询的表个数，生成的连接树是结构上唯一的二叉树。

● 表排列：即将表嵌入到连接树中。对一个结构唯一的二叉连接树，可以有多种连接顺序。不同的表排列代表不同的连接顺序。为了避免排列的重复枚举，表排列的生成算法应具有"根据当前排列生成下一个没有产生过的新排列"的能力。

● 操作枚举：连接树形和表的排列确定后还不能确定一个唯一的查询计划。因为查询计划需要细化到表中相应的列(更确切地说是等价类，这个后面介绍)而非表。表中列的执行查询顺序不同将导致不同的计划。因此，有必要对左右子树的等价类、格式转换进行研究，选出最优的操作组合。

● 计算计划树的代价：代价计算与枚举是紧密结合的，并且直接影响后面的枚举方向。

空间数据库比普通数据库多了特定的复杂存储结构。尽管其主要的优化流程不变，但是需要做出很多的细节变动和改进。例如，数据结构的复杂化，导致谓词、函数、连接、限制、索引等相关结构和方法都要做出相应的调整和改进，即在制订合理、可行、高效的空间计划生成方法时，还需要突破传统单一的模式。

3.2.1 连接树形的生成

连接树枚举的思路是：首先，根据表数目，采用自上而下方法生成结构唯一左深树，然后，采用左右子树交换的方法生成结构唯一的浓密树；最后，基于结构唯一树形生成其他连接树。下面详细介绍上述三步的生成过程。

1. 左深树的生成

当参与连接的表数目确定时，其左深树树形是唯一确定的。例如对表数目为 5 的所有结构唯一的二叉连接树形的生成。首先，根节点的表数目为 5。先分配右节点表的数目为 1，其余的 4 分配给左子树如图 3-5 所示；递归进入右子树，由于是叶节点跳出，进入左子树，按照上述分配给左右子节点表的数目，如图 3-5 所示。最终生成左深树 541312111，有关连接树形的描述参见 2.1.5 第三段所述。

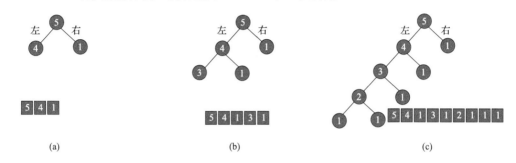

图 3-5 541312111 树形的初始生成

2. 基于左深树生成结构唯一的浓密树

在上一节的左深树上，需要自下而上、自左而右地进行搜索，判断结点的右子树的表数目与左子树表数目的关系。如果左子树表数目比右子树表数目多两个或两个以上，则左子树表数目减 1、右子树表数目加 1，然后左右子树都生成其左深树树形，得到一个浓密树；否则按自下而上、自左而右的顺序寻找到下一对满足上述条件的节点，重复此操作。以图 3-5(c) 的左深树为例，当搜索到表数目为 4 的节点时，满足"左子树表数目比右子树表数目多两个或两个以上"的条件，如图 3-6(a) 所示；其左右子树表数目做相应变动后，如图 3-6(b) 所示；在对其左右子树生成相应的左深树，得到 541221111 的树形，如图 3-6(c) 所示。

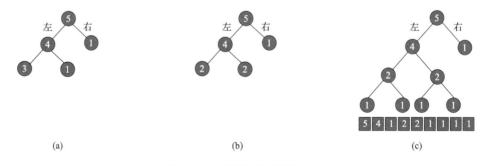

图 3-6 541221111 的树形生成

上段逻辑仅得到了一个浓密树。若以该浓密树作为输入，执行上一段操作将得到另一个浓密树。如此循环下去，得到系列浓密树。例如，以如图 3-6(c) 作为输入，当搜索父节点时，满足"左子树表数目比右子树表数目多两个或两个以上"的条件，如图 3-7 (a)所示；其左右子树表数目做相应变动后如图 3-7(b)所示，在对其左右子树生成相应的左深树，得到 532112111 的树形，如图 3-7(c)所示。

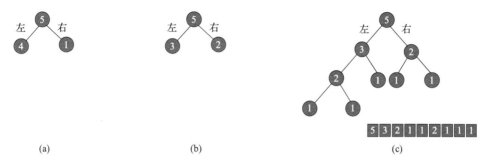

图 3-7 532112111 树形的生成

这样表数目为 5 的结构唯一的浓密树树形共 3 个，分别为 541312111、541221111 和 532112111。为了减少算法复杂度，在对左右节点生成新的左深树时，若左右节点表数目相同，则仅生成一个节点的左深树，另一个直接拷贝结果。在表数目为 8 的结构唯一树形生成中会遇到此情况。如图 3-8 中斜体标识的树形就是通过子树复制生成的。

871615141312111、871615141221111、871615132112111、871614211312111、
871614211221111、871613321112111、871521141312111、871521141221111、
871521132112111、871432111312111、871432111221111、862115141312111、
862115141221111、862115132112111、862114211312111、862114211221111、
862113321112111、853211141312111、853211141221111、853211132112111、
844312111312111、844312111221111、844221111221111.

图 3-8 表数目为 8 的结构唯一计划树形

3. 基于结构唯一树形生成其他连接树

对每棵结构唯一的树形，对所有非叶节点的左右子树的交换，每交换一次就能产生新的连接树树形。对于图 3-9(a)所示的唯一结构树形，经交换派生出图 3-9(b)、(c)、(d)三种树形。

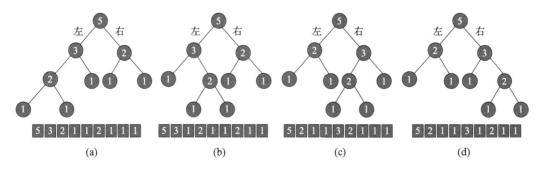

图 3-9 基于 532112111 树形的生成其他连接树形

3.2.2　基于分块约束的表排列生成

在表排列生成算法中，为了避免排列的重复枚举，"根据当前排列提供的信息生成下一个新排列"显得尤为重要(Song et al.，2010)。为了实现上述功能，我们将排列元素的初始位置序号看成一个整型"数字"，并且这些初始位置序号可以组成一个能够比较大小的"数字"。本节引入排序思想，在算法中对排列"数字"有选择地进行升序排队，使得生成的排列具有一些特性。这些特性可以根据当前排列包含的信息生成下一个排列，同时根据排列的"大小"可以对排列的生成过程进行简单的控制。这种算法同时可以满足排列分块、排列元素集簇的要求，并且最后分析发现基于分块约束的排列(即需要将某些表挨着)仍然可以具有"大小"之分。

1. 常规表排列算法

N 个不同元素在形成一个队列时，每个元素都会有一个初始位置。队列的第一个元素的位置序号为 0，后续位置序号依次加 1。本节算法不是针对元素的当前位置，而是根据元素初始位置序号进行排列生成操作，可以将每个元素的初始位置序号当作元素本身进行排列，最后再对号入座形成不同的排列。因此，下文中的数字排列代替元素排列，并不再说明。序号是数字，是有大小的，因此序号形成的队列也是有"大小"的。本节规定序号队列的大小与十进制数的比较大小一致。N 个元素组成的排列会有 N 个位，位从左向右降低。高位数字大的排列比高位数字小的排列要大。例如，字母队列 ABCD，对应的位置序号分别是 0123，数字 0123 的排列也就是字母队列 ABCD 的排列。$N=4$，则会有 4!＝24 个排列，从小到大依次为：0123、0132、0213、0231、0312、1023、1032、1203、1230、1302、1320、2013、2031、2103、2130、2301、3012、3021、3102、3120、3201、3210。因为排序使得生成的排列存在有序性，可以根据这个特点判断当前排列在整个排列集合空间中的位置，并能最终生成下一个排列。

算法流程如下：①输入一个排列；②取得数字队列中倒数第二个数字作为当前数字；③获取当前数字后面的比当前数字大的所有数字；④如果步骤③执行不成功则获取当前数字前一个数字作为当前数字，跳到步骤③，如果获取前一个数字不成功则所有排列生成完毕；⑤如果步骤③执行成功，则取其中最小的数字 m，并与当前数字交换，设置当前数字为 m，继续下面步骤；⑥对当前数字后面的数字进行从小到大的排序；⑦输出新的排列。

若输入的排列是 47061532，根据上述逻辑，取得数字队列中倒数第二个数字 3 作为当前数字；获取当 3 后面的比 3 大的所有数字，由于 2＜3 则该步骤获取不成功，那么获取当前数字 3 前一个数字 5 作为当前数字；同样因为 5 的后面数字分别是 3 和 2，获取当前数字 5 后面的比当前数字大的所有数字仍然不成功，那么获取 5 前面的数字 1 作为当前数字；由于 5、3 和 2 都比 1 大，2 是这三个数中最小的，那么 1 与 2 进行交换，并且将 2 当作当前数字，此时队列变为 47062531；对当前数字 2 后面的数字进行升序排列最终生成新的排列 47062135 输出。

对 $N=5$，上述算法实现的程序输出结果如图 3-10 所示。该算法需要收集输入数据的信息，因此用了许多的遍历和排序操作。但是，在实际运用过程中我们发现，要排序的数字队列是降序的，因此排序的时间复杂度是很低的。更重要的是，在实际使用中，N 的大小一般不超过 12，因此上面的操作所花费的时间就微不足道了(Heap，1963)。

01234	01243	01324	01342	01423	01432	02134	02143	02314	02341	02413	02431
03124	03142	03214	03241	03412	03421	04123	04132	04213	04231	04312	04321
10234	10243	10324	10342	10423	10432	12034	12043	12304	12340	1240	12430
13024	13042	13204	13240	13402	13420	14023	14032	14203	14230	14302	14320
20134	20143	20314	20341	20413	20431	21034	21043	21304	21340	21403	21430
23014	23041	23104	23140	23401	23410	24013	24031	24103	24130	24301	24310
30124	30142	30214	30241	30412	30421	31024	31042	31204	31240	31402	31420
32014	32041	32104	32140	32401	32410	34012	34021	34102	34120	34201	34210
40123	40132	40213	40231	40312	40321	41023	41032	41203	41230	41302	41320
42013	42031	42103	42130	42301	42310	43012	43021	43102	43120	43201	43210

图 3-10　01234 的 120 种排列(Song et al.，2010)

2. 基于分块约束的排列生成算法

在实际使用中，我们往往需要将表排列进行分块，目的是让分块内的元素(表)尽可能待在排列的某一个分区中集体参与后续连接，即让排列中的元素按照起始的输入生成带有元素集簇性的排列。例如，对于 01234567，分成三块 012、345 和 67，块内元素尽可能先待在一起。这里的分块是针对队列的位置相邻而言。在这样的限制条件下，要产生所有的排列需要对上述算法进行修改。实际上，修改后的算法需要经常调用上述算法过程，因此，本节在这里使用函数 sort-permutation-process 表示上节算法过程。

受分块约束的排列生成算法仍然需要排序的参与。生成具有分块限制的排列算法总体思想是这样的：在子排列按照 sort-permutation-process 算法过程按照升序生成；在所有的子排列生成完毕后，要进行分块之间数字的交换，交换的原则是：在所有分块数字升序排队后，按照整体排列由小到大的顺序互换数字。因此，分块排列的有序性与上节表排列有序性有些差别。表排列产生的排列值是严格排序的，而块排列产生的排列值不一定是严格排序的。

算法实现的主要流程如下所示。

(1) 输入一个排列；

(2) 获取排列最右边的分块作为当前分块；

（3）对当前分块进行 sort-permutation-process 操作，如果产生新的子排列，跳到步骤（4），否则跳到步骤（5）；

（4）当前分块右边的所有分块的元素放在一起进行升序排队，依次将队列从左向右分别分块，整合当前分块的左边的所有分块的元素形成新的排列跳到步骤（17）；

（5）获取当前分块的左边第一个分块，如果获取成功，则将获取的分块作为当前分块，跳到步骤（3），否则继续；

（6）按照从右向左的顺序获取第二个分块作为当前分块；

（7）当前分块按照从左向右的顺序获取第一个数字 l；

（8）在当前分块右边的所有分块数字中按照从右向左的顺序获取第一个比 l 大的数字 r；

（9）如果找到数字 r，将数字 l 和 r 的位置进行交换，跳到步骤（12），否则获取数字 l 的右边第一个数字作为数字 l；

（10）如果数字 l 获取成功，跳到步骤（8），否则获取当前分块的左边第一个分块作为当前分块；

（11）如果获取当前分块成功，则跳到步骤（7），否则退出；

（12）将数字 r 作为当前数字；

（13）在当前分块中将数字 r 左边所有的数字和当前分块右边所有分块的所有数字组成集合 s；

（14）在数字集合 s 中获取比数字 r 大的数字，并将这些数字从小到大对数字 r 左边位置按照从右向左的顺序赋值；

（15）对数字集合 s 剩下的数字按照从小到大的顺序对当前分块右边的所有位置重新进行赋值；

（16）对当前分块的数字按照从小到大排序；

（17）输出新的排列。

对于 N=5，前三个位置为第一个分块，后两个位置为第二个分块，约束排列生成的结果如图 3-11 所示，表中数据的生成过程是从左到右、从上到下。例如，输入排列 420 31，由于两个分块都不能再产生新的子排列，两个分块需要进行数字交换。第一个分区块第一个数字是 4，在第二块中没有比 4 大的数字；取第一个分块的第二个数字 2，在第二个分块中数字 3 大于 2，两者交换结果是 430 21；第一个分块中 3 左边的数字 4 以及第二个分块数字 2 和 1 组成数字集合 s，在 s 中比 3 大的是 4，赋给左边的位置，结果是 430 21（这里结果没变，但是有的排列生成过程在这里会发生变化）；对第二分块从左向右的顺序，按照 s 中剩下的 1 和 2 从小到大进行赋值，结果是 430 12；对第一个分块的数字按照从小到大排序，输出结果 034 12。

通过对比图 3-10、图 3-11 的结果可知：①基于分块约束的排列生成算法可以实现在排列过程中使得元素在空间上具有初始聚集性，保证了分块内的表能一起参与后续的连接。②对于 3.2.2 节常规表排列生成算法，排列较小的是先进行的；对于 3.2.2 节基于分块约束的排列生成算法，需要先对其所有分块在各自的块内的元素按照升序进行排序，再对新得到的排列进行比较大小，较大的排列对应的初始排列产生的时间要晚；如

012 34	012 43	102 34	102 43	021 34	021 43	201 34	201 43	120 34	120 43	210 34	210 43
013 24	013 42	103 24	103 42	031 24	031 42	301 24	301 42	130 24	130 42	310 24	310 42
014 23	014 32	104 23	104 32	041 23	041 32	401 23	401 32	140 23	140 32	410 23	410 32
023 14	023 41	203 14	203 41	032 14	032 41	302 14	302 41	230 14	230 41	320 14	320 41
024 13	024 31	204 13	204 31	042 13	042 31	402 13	402 31	240 13	240 31	420 13	420 31
034 12	034 21	304 12	304 21	043 12	043 21	403 12	403 21	034 12	034 21	340 21	430 21
123 04	123 40	213 04	213 40	132 04	132 40	312 04	312 40	231 04	231 40	321 04	321 40
124 03	124 30	214 03	214 30	142 03	142 30	412 03	412 30	241 03	241 30	421 03	421 30
134 02	134 20	314 02	314 20	143 02	143 20	413 02	413 20	341 02	341 20	431 02	431 20
234 01	234 10	324 01	324 10	243 01	243 10	423 01	423 10	342 01	342 10	432 01	432 10

图 3-11　01234 分块后的 120 种排列(Song et al.，2010)

果两个排列的分块都进行重新排序后的结果是一样的，那么使用原排列进行比较大小，较大的排列产生的时间要晚。③升序排列可以避免将全部的"海量"排列结果生成之后再进行应用，也避免使用经典算法过程时中断带来的整个排列生成终止的问题，因为它可利用当前排列自身承载的信息自动生成下一个新排列。

3.2.3　操作枚举

操作枚举是在树形生成和表排列生成之后的最后一道枚举，主要是将节点的查询操作具体到相应的列。操作枚举与 DBMS 支持的操作密切相关。操作枚举主要包括：①数据格式转换的枚举；②根据左右节点不同的数据格式枚举相应的连接操作；③连接属性的枚举。

1. 数据格式转换的枚举

在某给定的节点上，我们将参加后续连接操作的属性(列)称为兴趣键(Interesting KEYs)。为了提高后续连接操作的效率，系统有时需要对兴趣键的数据进行格式转换。若一个节点具有 i 个兴趣键，且它们都支持 HEAP、HASH、ISAM、B-树四种存储结构，那么我们需要考虑 3^i-1 个可能的存储结构。由于每个节点可选用的存储结构较多，而且格式转换也需要系统支付额外的代价，为了缩小数据格式转换枚举的空间、提高枚举效率，数据格式转换枚举只在当前最优子计划上进行。

2. 根据左右节点的不同数据格式枚举连接操作

根据左右子节点枚举出的各种数据格式，枚举出左右子节点所有可能的连接操作。

例如，若左、右节点都是 HEAP 结构，则枚举出笛卡儿连接；若左节点是 HEAP 结构，右节点是 ISAM 结构，则枚举出 KEY 连接。

3. 连接属性的枚举

连接等价类的选择对提高查询效率有重要的意义。连接属性的枚举不是穷举所有可能的连接属性、再评估其性能，而是根据参与连接的数据特征，选择出执行效率较高的等价类参与连接。具体逻辑如下。

（1）选择属性数目超过 2 的等价类参与连接操作，其余则作为连接的约束条件。若满足该条件的等价类有多个，则根据下面的规则进一步选择。

（2）若一个节点有显式的 TID 属性，另一个节点有隐式 TID 属性，且两 TID 属性属于同一等价类，则选择该等价类参与连接。

（3）若没有上述显式和隐式 TID，则选择具有最大活动域的等价类参与连接。所谓活动域就是某等价类中属性唯一值的个数。因为唯一值数目越大，数据重复因子越小，连接结果数据集就越少。例如，等价类 A 的活动域为 100，等价类 B 的活动域为 500，那么基于等价 B 匹配上的概率一定比等价类 A 的低。

（4）若无直方图时，则优先选择有索引键值的等价类参与连接。因为能够建索引的属性(键值)通常数据重复率较低，根据(3)所述，也会取得较小的中间结果集。

（5）若上述情况都不满足，则选择属性占用字节较长的等价类参与连接。通常属性占用的字节越长，值相同的概率越低，连接结果的数据集越少。

（6）若等价类的两个属性都存在显式的 TID(即都存在索引)，则可以选择这个等价类先进行连接。

3.2.4　空间启发式策略的加入

上面介绍的计划树形生成其本质上还是穷举法，即枚举出所有的计划树形。但是当表数目较大时，仅枚举计划本身就要花费很多时间。因此，在实际应用中，我们在保证查询计划覆盖面的同时，还要尽可能避免一些不必要的枚举。例如，将已经枚举过的子树存储起来以便构造其他计划使用，避免枚举出低效的查询计划，避免枚举出不符合空间查询逻辑的计划等。下面将重点介绍一些空间启发式策略，用于减少计划树形和表排列的枚举空间。

1. 基于动态规划的启发式剪枝策略

在优化器枚举出的不同查询计划中，其实它们很多情况下拥有共同的子计划(子树)，故这里需要借鉴动态规划法的思路，避免不必要计划的枚举。具体策略如下：①边枚举计划、边计算该计划树及其子树的执行代价，并记录各查询树、各子树的最优计划及其执行代价；②在新计划树的枚举中，若其子树计划代价已大于当前记载过的计划树的最小代价，则放弃该计划树的枚举；③在新计划树的枚举中，若某子树已出现在记录的子计划集中，则不用重新枚举，而直接采用已记载的最小查询代价的子计划树，避免重复枚举和计算。

2. 空间等价类规则

根据 2.1.6 中等价类的定义，只有 Equals 关系才具有自反性、对称性和传递性，故仅基于 Equals 连接的属性才能称为等价类。例如，在 $T_1.a_1$ Equals $T_2.a_2$ and $T_2.a_2$ Equals $T_3.a_3$ 的连接条件中，$T_1.a_1$ 与 $T_2.a_2$、$T_2.a_2$ 与 $T_3.a_3$ 是显式的等价类，由于等价关系的传递性，其实 $T_1.a_1$、$T_2.a_2$、$T_3.a_3$ 是同一等价类。

由于等价类的传递性，在计划枚举中表间的连接关系可以超出 SQL 语句中显式给出的连接关系。这种传递性主要表现在两方面：①等价类成员属性约束的传递性。例如，对于 $a.geo$ ST_Intersects $Window$：()的约束条件，如果 $a.geo$ 和 $b.geo$ 属于同一个等价类，则上述条件可改写为 $b.geo$ ST_Intersects $Window$：()；②连接顺序的传递性。例如，在 $T_1.a_1$ ST_Equals $T_2.a_2$ and $T_2.a_2$ ST_Equals $T_3.a_3$ 的连接条件中，SQL 语句显式地给出 $T_1.a_1$ 和 $T_2.a_2$、$T_2.a_2$ 和 $T_3.a_3$ 是等价类，可以直接建立连接关系；但是由于等价关系的传递性（即 $A=B$、$B=C$，则 $A=C$），其实 $T_1.a_1$ 和 $T_3.a_3$ 也是等价类，它们之间也可以进行连接；即图 3-12 所示的先将 T_1 和 T_3 连接起来的计划也是可行的。

这里需要注意，图 3-12 所示计划存在的前提是 T_1、T_2、T_3 表没有相应的空间索引表。若它们有其对应的空间索引，在查询计划中，系统会先利用空间索引做 ST_Intersects 的粗过滤，再做 ST_Equals 的精匹配；此时 ST_Intersects 两端的属性则为下一小节中讨论的空间约束对，而非空间等价类。

图 3-12　可行的计划

3. 空间约束对规则

对于其他空间拓扑谓词（以下简称"非空等值空间谓词"），严格地说，Intersects 仅满足自反性和对称性，但不满足传递性，如图 3-13 所示，当存在 $A.geo$ ST_Intersects $B.geo$ and $B.geo$ ST_Intersects $C.geo$ 时，并不能推出 $A.geo$ 和 $C.geo$ 一定存在相交关

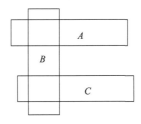

图 3-13　Intersects 不具有传递性示意图

系。而 Disjoint、Touches、Overlaps、Crosses 不仅不具备传递性，还不具备自反性；对于 Within、Contains 则不具备等价关系的任何一个特性。

由上可见，我们不能简单地将非等值空间谓词视为等价关系，也不能简单地将非等值空间谓词连接的属性视为等价类。但是在传统数据库中也没有与之对应的概念和机制可以采用。为了准确地实现非等值空间连接的优化策略，我们提出了"空间约束对"的概念。所谓空间约束对是用非等值空间谓词连接的两个空间列或某表的空间列与其空间索引表中的 KEY 列（记录了 MBR）。空间约束对仅表明两空间属性间有约束关系，但不具备自反性、对称性和传递性。我们将非等值空间谓词连接的两个空间列称为第一种空间约束对，而将某表的空间列与其空间索引表中的 KEY 列称为第二种空间约束对。

在空间查询优化器中，对于第一种空间约束对要求计划枚举阶段将操作沉到树的底端执行；但是不支持关系操作的自反、对称和传递。对于第二种空间约束对则要求在仅涉及 MBR 的查询中，可以用有空间索引的 KEY 值替换基表的空间列。有关空间约束对的实现见 3.3.1 小节。

4. 空间索引放置规则

在空间数据库中，若存在空间索引且 SQL 语句使用了空间拓扑关系谓词或几何对象列，则空间索引很可能会加入计划树中。当然，也不是加入索引查询就一定能提高效率，是否选择索引查询取决于代价评估的结果。在查询计划枚举中，空间索引树的放置通常应该遵守以下两个规则：

● 规则 1：若查询语句中的空间谓词仅涉及图形列的 MBR，则可使用该空间表的索引表替代该表，即空间索引替换。因为空间索引的 KEY 列已经存储了图形的 MBR 信息。在执行阶段，基于空间索引的访问可以有效降低 I/O 次数，减少查询消耗的时间。

● 规则 2：若主空间表及其空间索引表同时出现在查询计划中，则其空间索引表不能出现在该表的连接操作之后，且索引表的连接结果必须要与该表再进行空间 TID 连接。对于空间表 T_1、T_2，其空间索引分别为 I_1、I_2，图 3-14 示出了几种符合该规则的表放置情况。

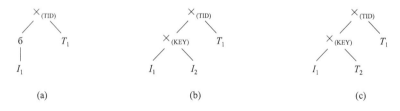

图 3-14　根据规则 2，合法的 I_1 位置

图 3-15 给出了违反规则 2 的几种放置情况。在图 3-15（a）中，第一步已经完成了 T_1 和 T_2 的精确连接，如果再与粗略的 I_1 进行连接，该操作就失去了意义；在图 3-15（b）和（c）中，空间表 T_1 在经过投影-约束、连接操作后，就失去了 TID 信息，就无法实现与其索引 I_1 进行关联。

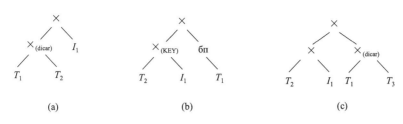

图 3-15　根据规则 2，不合法的 I_1 位置

3.3　空间启发式策略的实现与实验

在复合的空间查询计划生成方法中，连接树的生成、基于分配约束的表排列、枚举操作的实现是基于传统数据库查询计划生成框架的简单修改或增补，对空间查询而言没有什么特殊性；但是 3.2.4 节提出的空间启发式策略则是专门为空间查询提出的。本节重点针对这些空间启发式策略，介绍相关的实现与实验。下面主要介绍空间约束对在 Ingres 中的改进与实现、启发式策略在缩小计划枚举方面的作用。

3.3.1　空间约束对在 Ingres 中的改进与实现

1. 空间等价类概念存在的问题

下面我们以图 3-16 所示的阿拉加斯加树木（trees 表，多边形数据）、草地（grassland 表，多边形数据）和建筑物（builtups 表，点数据）三个表为例，讨论将空间约束对视为空间等价类的危害。trees 表的字段有 fid、shape 和 area 等，grassland 的字段为 fid、shape 等，builtups 的字段为 fid、shape 等；其中，shape 字段为几何数据类型，且系统对 trees 的 shape 字段建立了 R-树索引（spix_trees）。

在 Ingres 两个表的空间查询中，将空间拓扑谓词两端的属性视为等价类，不会报错，但当空间查询涉及三个或三个以上的表时，可能就会出现错误。以下述 SQL 语句为例。

```
SELECT a. *
FROM trees a, grassland b, builtups c
WHERE a. shape st_intersects b. shape and
    a. shape st_intersects c. shape
```

该查询在 Ingres 中执行会报如图 3-17 所示的错误，进一步查看发现，Ingres 根本未生成相应的查询计划。该问题涉及查询的优化、编译和执行三个阶段。

经调试跟踪发现，在 Ingres 中上述查询语句的等价类序列位图如图 3-18（d）所示。在查询解析之初，该序列位图为 NULL，其生成过程如下：①将 where 从句中等值连接（即"＝"号连接）的两端视为等价类填入位图序列中，由于该查询无等值连接，故此时等价序列位图仍为 NULL；②对 where 从句中的属性进行注册，其后等价类序列位

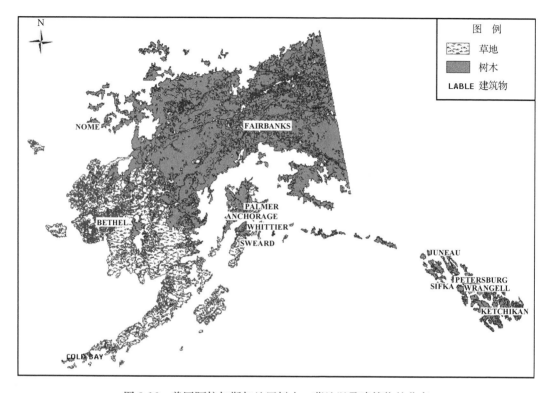

图 3-16　美国阿拉加斯加地区树木、草地以及建筑物的分布

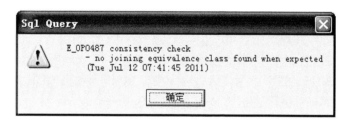

图 3-17　执行报错

图如图 3-18(a)所示，其中灰色填充的列为等价类序列号，灰色填充的行为该查询涉及的属性；③对 select 之后 from 之前尚未注册的属性进行注册，其后等价类序列位图如图 3-18(b)所示；④对有索引的列，将表中的列和索引中对应的列视为等价类，更新等价类位图；对于 a.shape 列和 a_idx.shape 列，由于 a.shape 列已位于序列 0 中，所以需要在位图中增加 a_idx.shape 列，并将序列 0 中对应的值置为 1；对于 a.tid 和 a_idx.tid，则新增序列 4，此时等价类序列位图如图 3-18(b)所示；⑤将 where 从句中的空间谓词的两端视为等价类，并加入等价类位图，即添加了序列 5 和序列 6，此时等价类序列位图如图 3-18(d)所示。虽然序列 5、序列 6 中没有直接将 1 标记在 a.shape 上、而是在 a_idx.shape 上，但是由于 a_idx.shape 与 a.shape 也是等价类，其自然蕴含着 b.shape、c.shape 与 a.shape 是互为等价类。其实 a.shape 和 b.shape、a.shape 和 c.shape 应为空间约束对，而非等价类，由此将导致图 3-17 的执行错误。

	a.shape	b.shape	c.shape
0	1	0	0
1	0	1	0
2	0	0	1

(a)

	a.shape	b.shape	c.shape	a.fid
0	1	0	0	0
1	0	1	0	0
2	0	0	1	0
3	0	0	0	1

(b)

	a.shape	b.shape	c.shape	a.fid	a_idx.shape	a.tid	a_idx.tid
0	1	0	0	0	1	0	0
1	0	1	0	0	0	0	0
2	0	0	1	0	0	0	0
3	0	0	0	1	0	0	0
4	0	0	0	0	0	1	1

(c)

	a.shape	b.shape	c.shape	a.fid	a_idx.shape	a.tid	a_idx.tid
0	1	0	0	0	1	0	0
1	0	1	0	0	0	0	0
2	0	0	1	0	0	0	0
3	0	0	0	1	0	0	0
4	0	0	0	0	0	1	1
5	0	1	0	0	1	0	0
6	0	0	1	0	1	0	0

(d)

图 3-18　等价序列位图的生成过程

　　程序继续执行。在树形为 4312111、表排列为 1302(分别对应表 b、a_idx、a、c)的计划树枚举中，系统分配等价类序列时，会出现图 3-17 所示的错误。查询树各节点等价类序列的分配是一个嵌套过程，嵌套单元是当前节点到其左右子节点，具体分配逻辑如下：①寻找左右子节点涉及的表的相关等价类的交集，并将交集不含 TID 属性的等价类序列分别赋予左右子节点，而含 TID 属性的等价类序列只能放于含有显式 TID 属性的子节点；②将当前节点等价类序列中不含 TID 属性的等价类序列按先左后右的顺序赋值给子树，即若左子树涉及的表中有相关等价类序列，则仅放置于左子树上；否则再看能否放置在右子树上；③判断当前节点是否涉及布尔因式(比较表达式)，若涉及，则将布尔因式相关的等价序列分别添加到两个子树中；④看子节点是否为 R-树连接，若是，则将该连接涉及的其他等价类序列加入该子节点；⑤若当前节点有 R-树参与连接，则根据子树中所有的表(实际上是已经存在一个映射图)查找所关联的等价类，并加载。上述各步完成后，都需检查左、右节点的等价类序列是否存在其表中；若存在，则继续；若不存在，则报错。

　　根据上述树形、表排列、等价类位图，由于查询最终返回的结果列是 a.fid，故根节点拥有序列 3(属性 a.fid)，如图 3-19(a)所示。其他节点等价类分配过程如下：

● 由于当前节点为根节点，依据前面等价类序列分配逻辑①到⑤，为左右子节点分配等价类序列。具体过程如下：①当前节点为其左子节点涉及的表为 a、b 和 a_idx，相关的等价类序列为 0、1、3、4、5 和 6；右子节点涉及的表为 c，涉及相关的等价类序列为 2、6，其公共等价类序列为 6（不含 TID 属性），分别将其赋予左右子节点，结果如图 3-19(b) 所示；②对于当前根节点的等价类序列 3（a.fid，非 TID 列），先看左子树涉及的表 a 中有序列 3 涉及的属性，故将序列 3 放置于左子树上，结果如图 3-19(c) 所示；③当前根节点涉及的 a. shape st_intersects c. shape 布尔因式与序列 6 相关，但序列 6 已存在于左右子树中，因此不用再次添加；④由于左子节点涉及的表为 a、b 和 a_idx，存在 R-树连接，则将 R-树连接涉及的序列 0，加入左子节点，结果如图 3-19(d) 所示；⑤由于当前节点没有 R-树参与连接，则不进行等价类的查找与分配。上述各步完成后，左、右节点的等价类序列都存在于其表中。至此，根节点及其左子节点的等价类分配完毕。

● 将当前节点移至根节点的左子节，重新依据前面等价类序列分配逻辑①到⑤，为其左右子节点分配等价类序列。具体过程如下：①当前左子节点涉及的表为 b 和 a_idx，相关的等价类序列为 0、1、4、5 和 6；右子节点涉及的表为 a，涉及相关的等价类序列为 0 和 4，公共等价类序列是 0、4；0 是不含 TID 的序列，故分别将其赋予左右子节点；而 4 是含 TID 的序列，故仅分配给左节点，结果如图 3-19(e) 所示；②对于当前节点的等价类序列 3、6、0，均不含 TID 列；对于序列 3，在左子节点相关的表中未找到其涉及的属性，在右子节点的表 a 中找到该属性，故将其放在右子节点上；对于序列 6，则在左子节点相关的表中找到序列 6 涉及的相关属性，则将 6 放在左子节点上；对于序列 0，左右子节点中已存在，就不再继续；结果如图 3-19(f) 所示；③当前节点的表为 a、b、a_idx，涉及的布尔因式（a. shape st_intersects b. shape）与序列 5 相关，则将序列 5 分别添加等价类到两个子树中；④子节点 b、a_idx 之间存在 R-树连接，涉及序列 6，序列 6 已在左子节点中，不用重复添加；⑤当前节点有 R-树参与连接，序列 2 和序列 6 有公共的属性列，根据等价类的传递性，序列 2 中的属性与序列 6 中的属性也互为等价类，故需将序列 2 加入左子节点，结果如图 3-19(g) 所示；但是在检查左子节点分配的序列涉及的相关属性时，发现序列 2 涉及的属性 c. shape 不在该节点涉及的表 b 和 a_idx 中，导致后续分配无法进行，从而中断、跳出图 3-17 所示的错误。

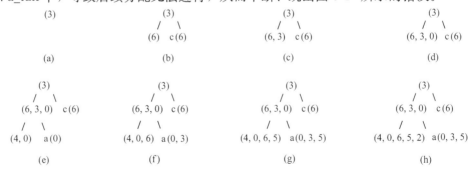

图 3-19　等价类序列分配过程

2. 空间约束对的实现

1) 枚举模块出现的错误与相关改进

为了修正图 3-17 报错的问题，修改文件 opnsm2.c 中 opb_gbfbm()函数，即在其 if 语句中加入程序 3-13 下划线部分的代码，即在添加等价类序列 2 之前，先判断 2 涉及的列在其涉及的表中是否存在，若存在则加入。

```
/* If this factor contains a reference to the key column of an Rtree
** index lower in the join tree, ALL its eqclasses must be added to
** the required list. */
if (rtree && ! opjcall && BTtest((i4)rtreeeqc, (char *)&bp->opb_eqcmap) && BTsubset((char
*)&bp->opb_eqcmap, (char *)lavail, (i4)maxeqcls))
    BTor((i4)maxeqcls, (char *)&bp->opb_eqcmap, (char *)leqr);
```

程序 3-13　opb_gbfbm()函数中的错误代码

经上述修改后，出现查询计划（如图 3-20 所示）。图 3-20 的计划是先对 grassland 做一个"投影-约束"（Proj-rest）操作，即选出查询需要的 shape 列；再将上一操作之后的 grassland 的 shape 字段与 trees 表的索引 spidx_trees 做空间 KEY 连接，该操作找出 grassland 中与 spidx_trees 叶节点 MBR 相交的几何对象对（粗匹配）；然后，根据几何对象对中来自 spidx_trees 的 TIDP，从 tree 表中读出真实的几何数据，并与对象对中 grassland 的 shape 做精匹配，找出精确相交的对象对，即空间 TID 连接；最后，将空间 TID 连接的结果与 buildups 表经投影-约束后的 shape 列，进行空间笛卡儿连接，即直接通过笛卡儿连接找到 buildups 表 shape 列与 tree 的 shape 列精匹配的连接结果。

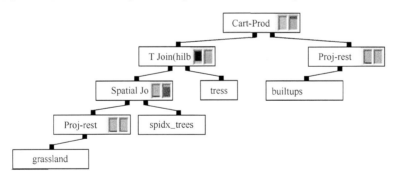

图 3-20　出现的计划

尽管图 3-20 给出了一个合理的执行计划，但是发现其仍然不能执行，执行期间的错误如图 3-21。

```
E_OP08AD An internal error was encountered while generating a spatial
    index query plan.
    (Fri Jul 15 23:25:03 2011)
```

图 3-21　执行的错误提示

2）编译模块出现的问题与相关改进

该问题出现在编译模块，即在查询计划产生之后经 longjump 跳到编译的 opcjcommon.c 文件的 opc_spjoin 函数时出现问题，问题代码如图 3-22 灰色标出的代码所示。该代码目的是：根据一个空间属性列，在等价类序列中查找相关的空间连接属性列。正确的执行逻辑是：根据 a_idx.shape 应找连接等价类序列 5、6，再通过序列 5、6 找到与之发生空间连接的属性 b.shape 和 c.shape。但是，在第一次 for 循环时，根据 a_idx.shape 找到序列 5，再找到 b.shape 列，这一步是正确的；但是在第二次 for 循环时，if 语句先找到的还是序列 5 及其 b.shape 列，之后便跳出（break）了 for 循环。因此，程序尚未找到序列 6 和 c.shape 列，导致后续出错。

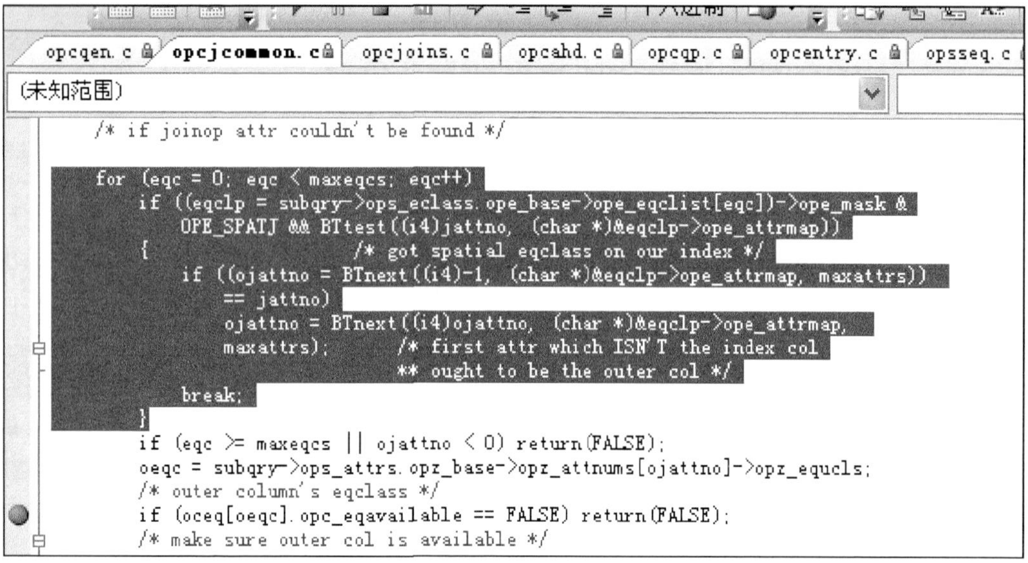

图 3-22　编译中的错误代码处

根据该错误，我们在图 3-22 中 break 语句之前加入了循环跳出的限制条件，即在找到的等价类序列之后，添加判断是否在子节点的等价类序列的集合中，如果是，则找到需要的等价类跳出。这样就保证了找到的连接属性与参与连接的表相关，该 If 语句如下所示：

```
if(oceq [subqry->ops_attrs.opz_base->opz_attnums [ojattno] ->opz_equcls] .opc_eqavail-
able = = TRUE)
        break;
```

3）执行模块出现的问题与相关改进

经上述修改后，执行阶段时依然存在问题，问题出现在 ade_bycompare 函数中。Ingres 在等价类参与连接前，首先要判断参与连接的两属性是否可比。对于几何类型，该比较将进入程序 3-14 所示的 ADE_BYCOMPARE 分支，由于不属于传统的数据类型，将进入程序 3-14 的灰色代码区，最终返回不可比，导致空间连接不能执行。

```
case ADE_BYCOMPARE:

    ......

    if (oprP [1] ->opr_dt < 0)
     {
            if ( * ((u_char *)data [1] + oprP [1] ->opr_len - 1) & ADF_NVL_BIT)
             {
                    /* Second value is NULL, first not; so 1st < 2nd */
                    * dcmp = ADE_1LT2;
                    ade_excb->excb_value = ADE_NOT_TRUE;
                    if ((lbase ! = ADE_NOBASE) && (lbase_size > 0))
                        ade_excb->excb_size -= lbase_size;
                    return(E_DB_OK);
             }
            else
             {
                    ......
             }
     }
  }
goto do_adccompare;
```

程序 3-14　执行中的错误代码处

对于空间等价类跳过可比较判断，需要在文件 opcjcommon. c 的 opc_jqual 函数中，添加程序 3-15 中划线部分的代码。

```
bool ulspj = FALSE;
for (eqcno = 0; eqcno < subqry->ops_eclass. ope_ev; eqcno + = 1)
{
    if (iceq [eqcno] . opc_eqavailable = = TRUE)
      BTset((i4)eqcno, (char *)&inner_eqcmp);
    if (oceq [eqcno] . opc_eqavailable = = TRUE)
      BTset((i4)eqcno, (char *)&outer_eqcmp);
    if (iceq [eqcno] . opc_eqavailable = = TRUE&& oceq [eqcno] . opc_eqavailable = = TRUE)
    {
        if (qnode->qen_type = = QE_KJOIN | | subqry->ops_eclass. ope_base->ope_eqclist
          [eqcno])->ope_mask &OPE_SPATJ)
            ulspj = true;
    }
}
...
if (qnode->qen_type = = QE_KJOIN | | ulspj)
{
    /* We do not want any key related qualifications applied
    ...
```

```
         */
       nknum = 0;
   }
```

程序 3-15　执行中代码的修正

4）有关空间约束对的其他修改

上面仅对 Ingres 中的一些 bug 进行了修改，但是空间约束与空间等价类的区别还需要在下面的改动中实现。基于该思路在计划枚举阶段沿用 Ingres 的代码，系统仍然会将空间约束对加入等价类列表中；但是为了避免将空间约束对视为等价类而造成的代价评估错误，在代价评估前，我们需要从等价类列表中去除空间约束对；即在文件 opnprocess.c 的 opn_process 函数中添加 opn_clearuleseqcs(subquery，root)函数，具体添加位置如图 3-23 所示。该函数是从 &jtree->opn_eqm.ope_bmeqcls 的等价类序列位图中删除不属于等价类的空间约束对。

```
#if 0
/* placed equivalent check inside opn_jintersect to eliminate this case earlier */
                /* 4.0 imap check replaced by check inside opn_gnperm */
        opn_ro3 (subquery, root) /* Pass the relorder3 requirements */
        &&
#endif
        opn_jmaps(subquery,root,ojmap)  /* set the opn_eqh, opn_rlasg
                    ** and opn_rlmap maps
                                ** - check for correct placement
                                ** of subselects */
        )
        {
        opn_clearuleseqcs(subquery, root);      //宋晓眉20110730修改，将连接树（根节点为root）中的没用空间等价类去掉。
        global->ops_gmask |= OPS_PLANFOUND; /* mark that at least one
                    ** plan is found at this level
                    ** since an unbalanced tree may never
                    ** produce a plan if 2 tables with
                    ** and index each exists, since it
                    ** would not be joinable */
        /* @cmt 针对opn_arl计算出的表在co tree中的组合,计算代价 */

        /* reset the udhisto logic (yanx) */
            i4 varnum = subquery->ops_vars.opv_rv;
            i4 i = 0;
```

图 3-23　删除等价类序列表中的空间约束对

经上述修改后，图 3-20 所示的查询计划才得以正确执行。

3.3.2　启发式策略在缩小计划枚举空间方面的作用

3.2.4 节已对启发式策略枚举计划的高效性做了充分说明，下面以某市某区的社区数据、公司数据以及建筑物数据（如图 3-24 所示）为例，说明上述规则在排除不可行计划、缩小搜索空间方面的作用。在图 3-24 中，HDcommunities 表为社区多边形数据，字段为 fid、shape 等；HDcompanies 为公司点数据，字段为 fid、shape、a04 等；HDbuiltups 表为建筑物多边形数据，字段为 fid、shape、ca_id 等。spidx_HDcommunities 为 HDcommunities 表的索引表。

我们以下述查询为例，展示一下空间启发式规则在缩小计划枚举空间方面的作用。

图 3-24　实验数据实例图

```
select count( * )
from HDcompanies, HDbuiltups, HDcommunities
where HDcompanies. a04 = HDbuiltups. ca_id
    and HDcommunities. shape st_intersects HDbuiltups. shape
```

以图 3-25(a)所示的节点数为 4 的左深树为例，若采用穷举法图 3-25(b)中所有的表排列都应该被搜索出来，经上述启发式规则作用后，搜索出来的可用计划仅为图 3-25(b)中白色填充的计划。在图 3-25(b)中数字 0、1、2、3 分别对应 HDcompanies 表、HDbuiltups 表、HDcommunities 表、spidx_HDcommunities 表。根据上述 GSQL 语句可知，0(HDcompanies)的 a04 和 1(HDbuiltups)的 ca_id 为等价类，1(HDbuiltups)的 shape 和 2(HDcommunities)的 shape、2(HDcommunities)的 shape 和 3(spidx_HDcommunities)的 MBR 是空间约束对，而 0(HDcompanies)和 2(HDcommunities)、0(HDcompanies)和 3(spidx_HDcommunities)之间不存在约束。根据规则 1，计划中 0 和 2 或 0 和 3 不能同时在同一层的叶节点上，如图 3-25(b)灰色填充的计划所示。另外，由于 3(spidx_HDcommunities)是 2(HDcommunities)的空间索引，根据规则 4，索引 3 不应该出现在基表 2 之上，如图 3-25(b)斜线填充的计划所示。根据启发式规则，图 3-25(b)中灰色、斜线填充的无效计划都不会被枚举出来，从而大大缩小了枚举空间。

经统计，如果没有启发式的策略，上述查询会产生 5 种不同的连接树形(含浓密树等其他树形)，每种树形都有 4 个表(即 24 种表排列)，则共有 5×24＝120 个计划产生。而通过启发式策略淘汰掉了 4×12＋16＝64 个计划。淘汰计划超过了全计划的一半。由

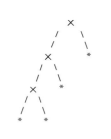

0123	0132	0213	0232	0312	0321
1023	1032	1203	1230	1302	1320
2013	2031	2103	2130	2301	2310
3012	3021	3102	3120	3201	3210

XXXX	不符合约束对和等价类规则的计划
XXXX	不符合空间索引放置规则的计划
XXXX	可用的查询计划

　(a) 树形结构为 4312111　　　　　　　　　　　　　(b) 用启发式规则的作用

图 3-25　左深树形以及用启发式规则淘汰计划的过程

于这些淘汰的计划将不进行后续的执行代价计算，故本章提出的启发式策略可以大大地减少计划的搜索空间，对提高系统执行效率有重要意义。

第 4 章　空间代价评估模型

评估数据库的查询代价首先要确定影响数据检索速度的因素。业界的共识是磁盘访问(I/O)次数是影响数据库查询代价的一个重要因素。斯坦福大学计算机科学专业数据库系列课程的教科书明确了 I/O 次数在数据库检索代价评估中的主导地位。他们认为，执行磁盘读写所花费的时间通常比用于操作内存数据所花费的时间长得多。因此，I/O次数可被近似视为查询计划执行所需要的最小代价。存取(读或者写)是一个机械运动的过程，需要经历寻道、旋转和传输三步(吴翠娟等，2007)，一次典型的磁盘读写时间通常是 10ms 左右。而 CPU 的运算速度由 CPU 主频、指令集、各个指令所需要的时钟数、缓存等多个因素决定。CPU 主频即 CPU 内核工作的时钟频率(CPU Clock Speed)，虽然它与 CPU 实际运算能力没有直接关系，但是很大程度上决定了 CPU 的运算速度。一般情况下，一个浮点数的运算时间消耗可以达到微秒级。其次，在属性数据库中，查询一般不会太复杂，主要涉及简单的比较运算(例如，$<$、$<=$、$=$、$>=$、$>$、$<>$)，因此，CPU 代价与元组数呈明显的线性正相关关系，而元组数与磁盘的读写又有一定线性的关系。毫秒级的 I/O 读写速度和微秒级的 CPU 运算速度可能相差几个数量级，所以目前许多数据库管理系统只考虑 I/O 代价。

尽管上述分析得出在传统关系数据库中 I/O 代价非常重要，但是在数据库中 CPU代价也是不容忽视的。CPU 运算评价是空间数据库检索性能的重要组成部分。在数据库内核中，与 I/O 数据存储、数据操作或者缓存策略无关的改进都将影响执行计划的CPU 代价。例如，将内存数据或中间查询结果进行排序也需要消耗 CPU 资源。这种情况下，参与排序的一般是内循环的表，而且该表的记录数不会太多。若两个表的记录数分别为 m 和 n，直接连接的代价是 $m \times n$，小表排序后的总体代价是 $(m+n) \times \lg n$。后者的时间复杂度要比前者小，而且通常数据排序对后续查询(无论是投影或是连接)也有帮助；所以，数据重新组织(reformat)对提高查询效率有非常重要的意义。另外，对于那些非结构化字段(例如：空间字段)来说，无论是数据结构、还是操作算法都可能比较复杂，由此带来的 CPU 代价是不可忽视的。如果空间查询模型只考虑 I/O 代价，将严重影响空间查询代价评估的准确性。

本章研究的重点是空间代价评估模型。1994 年，Güting 在 VLDB 期刊上定义空间数据库系统：空间数据库要有独立的数据存储方式、字段、操作(连接)方式、索引、进程管理、数据缓存技术等方面各有其特点和创新之处(张明波等，2004)。空间代价必定与传统的一般代价模型有所区别，但是流程应该是一致的。下面将按空间代价评估模型综述、Ingres 的代价模型、代价模型设计的环境、扩展的空间代价模型以及相关实验和小结的思路阐述。

4.1 空间代价评估研究综述

1979 年 IBM 的研究员 Selinger 在 "Access Path Selection in a Relational Database Management System"（Selinger，1979）中描述了业界第一个关系查询优化器。其代价模型为 COST＝I/O＋α×CPU，其中 I/O 是磁盘的读写次数，CPU 是关系数据记录的移动和比较的次数。由于一次 I/O 约需 10ms，而 CPU 则是微秒级的操作，为消除量纲的影响，故 α 常取值为 1/100。该模型一直被后来很多研究者沿用，也是很多关系数据库系统的总体代价计算模型。后来，有学者提出 I/O 代价的主导性，大量文献就集中在优化磁盘读写方面，专注于 I/O 次数的计算。对于空间数据库而言，空间代价模型的主导因素仍然是 I/O，但空间操作的 CPU 代价要比传统数据库中简单的比较和匹配操作大得多。如果采用传统的方法估计 CPU 代价，必将影响空间查询代价评估的准确性；因此，需要开展空间查询代价评估的研究。

下面介绍国内外常见的空间代价评估方面的研究成果。

4.1.1 基于 R-树的空间选择代价

空间代价评估模型的研究在很长一段时间内都是空白。人们最先关注的是索引树的检索性能，实际上可以看作是空间选择操作的代价估计。由于 R-树在空间索引中的重要地位，相关研究文献非常丰富，本节重点介绍 R-树的检索性能分析式（代价模型）的研究。为了能够对 R-树及其变体进行性能分析，研究者提出了各种的性能计算方法。Faloutsos 等在 1987 年第一次首先给出了量化的性能计算公式，进行了 R-树与其变体 R^+-树的性能分析（Faloutsos et al.，1987）。该公式含有 B-树性能计算方法的影子，主要思路是计算树的高度。一般情况下，索引树查找匹配某数据是从树的根节点开始到叶节点是一条路径查找下来的，所以树的高度在一定程度上表征了索引的检索性能。这样，叶节点的填充率越高，性能貌似越好，其实后面几个索引树的变体也是按照这个思路设计的（例如 R^*-树）。暂不论叶节点填充率过高对后续索引更新带来的影响，实际上 R-树的匹配查找通常也是多路的，而非一路，所以以树高作为索引评价的核心思想需要改进。研究者不久就发现，空间查询的代价主要来自于磁盘的读写次数（I/O 次数）。在不考虑内存的情况下，节点的访问次数可以直接近似等于 I/O 次数。所以，Kamel 等（1993）和 Pagel 等（1993）分别独立地设计出了下面的磁盘读写次数 DA 的计算公式，见式（4-1）。

$$DA(q) = \sum_{j} \left\{ \prod_{i=1}^{n} (s_{j,i} + q_i) \right\} \tag{4-1}$$

式中，$q＝(q_1, \cdots, q_n)$ 是一个 n 维的查询窗口；n 维 R-树上某结点 S_j 的窗口是 $(s_{j,1}, \cdots, s_{j,n})$。

式（4-1）的出现在学术界产生了很大影响，后面很多性能分析公式和空间连接代价模型都是基于这个公式提出的。式(4-1)中 DA 的值依赖于 R-树节点的个数及各节点的 MBR 的大小。此外，该公式的前提假设是每一层数据矩形是均匀分布的。为此，Faloutsos 等在 1994 年使用了分形维数与式(4-1)相结合提出了式(4-2)，该方法不需要知道每一层数据集的最小外包矩形，而且分形维数能反映点在空间分布上的某种模糊特征，因此突破了数据均匀分布的假设，扩大了模型的使用范围。

$$\mathrm{DA}(q) = \frac{N}{f} \cdot \prod_{i=1}^{n} (s_{1,i} + q_i) \tag{4-2}$$

$$s_{1,i} = \left(\frac{f}{N}\right)^{1/d}, \forall i = 1, \cdots, n \tag{4-3}$$

式中的 $s_{1,i}$ 的计算如式(4-3)所示。N 为数据的个数；f 为索引树的扇出；d 为点集的分形维度。d 的计算方法见式(4-4)(Faloutsos，1994)。

$$d = \lim_{r \to 0} \frac{\log N(r)}{\log(1/r)} \tag{4-4}$$

式中，r 表示将 D 维空间划分为超立方体、格网的边长的单元；$N(r)$ 表示分形穿过单元的个数。

但是，遗憾的是该方法只能预测查询过程中空间数据表的磁盘读写次数，不包含索引文件的 I/O 代价。如果将索引节点都放在内存中，该方法的结果基本正确；但是当空间索引数据量较大时，该方法的误差就比较大了。另外，由于分形维度的限制，该方法只能计算点数据集的 R-树索引性能，因此模型需要进一步改进。

Pagel 等(1993)采用了模拟退火方法对空间数据进行聚类，然后在此基础上构建了它们的 R-树，实验表明，当时最好的静态 R-树、动态 R-树还比 Pagel 等的 R-树检索性能差 10%～20%。Theodoridis 和 Sellis 在 1996 年基于式(4-1)引入了"数据密度"的概念，即数据面积除以该表涉及空间范围的矩形面积的比率，得出下式。

$$\mathrm{DA} = 1 + \sum_{j=1}^{1 + \log_f \frac{N}{f}} \left\{ \frac{N}{f^j} \cdot \prod_{i=1}^{n} \left(\left(D_j \cdot \frac{f^j}{N} \right)^{1/n} + q_i \right) \right\} \tag{4-5}$$

式(4-5)不再需要知道每一层节点的 MBR，就可以计算点、线、面数据的 R-树检索性能，最重要的是可以提高非均匀分布空间数据检索代价的估计精度。N、f 和 q 分别是 R-树经典的通用参数，即元组数、扇出和查询窗口。D 的计算是一个嵌套的过程，首先根据叶节点的数据密度 D_1，可以逐次计算出第 j 层矩形的数据密度 D_j，其计算式(4-6)如下所示：

$$D_{j+1} = \left\{ 1 + \frac{D_j^{1/n} - 1}{f^{1/n}} \right\}^n \tag{4-6}$$

上述模型并没有考虑缓存策略，因此实际应用中仍然有局限性。Leutenegger 等(1998)首次将基于最近最少使用(least frequently used，LRU)算法的缓冲区尺寸引入 R-树查询代价模型，并且得出一个重要结论：如果忽略缓冲区的影响，只把节点访问次数作为性能评价基准，将会得出不准确的结果。Corral 等(2001)全面研究了内存对基于剪枝界定法的 R-树最邻近检索的性能。他们考虑了索引局部放入缓存和查询完全基于内存读取数据的情况，也考虑了先进先出法(First-In First-Out，FIFO)和最近最少使用法(LRU)的文件替换策略。Corral 等在特定的空间操作中考虑缓存策略而设计的新空间代价模型方法值得借鉴。

4.1.2 空间连接操作及其执行代价

1) 常见的空间执行算子

表 4-1 给出了常见的空间连接的方法。根据输入数据集是否有索引，空间连接可以分为三类。若参与连接的数据表没有索引，只能采取全表扫描的方式；否则可以根据索引进行部分扫描。

表 4-1 空间连接方法的分类

两个属性项都有索引	一个属性项有索引	两个属性项都没有索引
· 将空间对象用 Z-values 表达(Orenstein，1986) · 空间连接结果的索引(Rotem，1991) · R-树匹配（Günther，1993；Brinkhoff et al.，1993）	· 空间 KEY 连接 · 动态建立种子索引树，再进行 R-树匹配(Lo et al.，1994) · 动态建立索引，再采用双索引连接方法(Patel et al.，1996；Papadopoulos et al.，1999) · 排序匹配(Papadopoulos et al.，1999) · 基于槽索引的空间连接（Mamoulis et al.，2003)	· 空间哈希连接(SHJ)(Lo et al.，1996) · 基于分区的空间归并连接(PBSM)(Patel et al.，1996) · 基于层次分区的空间连接方法(S3J)(Koudas et al.，1997) · 基于可扩展的扫描技术的空间连接(SSSJ)(Arge et al.，1998)

因为空间范围和维度的限制，早期的空间连接一般会对空间对象进行转化。在表 4-1 中，第一个算法(Orenstein，1986)先使用了格网技术将多维空间分成多个小块(pixels)，再使用空间填充曲线(Z-ordering)对块进行排序，每个空间对象都可用与之相交的一个或者多个块来代表，即用一个或者多个 Z 值来代表。因此，空间连接就可以基于关系数据库的排序-合并连接操作完成。该方法的优点是有效利用了关系数据库的现有技术；缺点是需要剖分整个数据空间，并记录空间对象覆盖的多个 Z 值，故其存储资源消耗巨大。Rotem(1991)提出了一个类似关系连接索引的空间连接索引；它需要提前计算连接结果，并且用格网文件对空间对象进行组织管理，其存储资源消耗也较大。由于 R-树匹配连接的高效性，目前被公认为最流行的空间连接方式(Brinkhoff et al.，1993)，但是 R-树连接是要同步遍历两棵输入的 R-树(Günther，1993)。

由于计划树中间节点的结果集没有索引可利用，因此研究工作就逐步转向无索引输入的连接。基于中间结果集的空间连接可分为有一个索引、两个均无索引的情况。最简单的单索引连接方式是对无索引的表进行扫描，获得每个对象将其视作查询窗口，对有索引的数据集进行嵌套地选择查询，即空间 KEY 连接。另一种方法是对没有索引的数据集动态建立索引(Patel et al.，1996；Papadopoulos et al.，1999)，再使用已有的双索引输入连接方法进行连接。Lo 等(1994)使用已经存在的 R-树索引对没有索引的数据集建立一个类似于 R-树的种子索引树(a seeded tree)，再进行 R-树匹配连接。

如果连接输入的两端都没有索引，那么可以对数据进行预处理，以提高后续连接的效率。Arge 等(1998)提出了基于可扩展的扫描式空间连接(scalable sweeping-based spatial join，SSSJ)。这个方法使用了平面扫描技术(Preparata et al.，1985)和空间剖分技术。这个算法不能避免额外的排序，将会导致频繁的磁盘访问。Patel 等(1996)提出了基于剖分的空间归并连接(partition based spatial merge join，PBSM)。他们用矩形有规律地剖分空间，并将两个无索引的输入哈希到分区中；然后，对同一分区的对象使用平面扫描技术进行连接。两个数据集的对象可能被分配到多个分区，所以这个算法需要对结果进行排序以便删除重复的连接。另一种基于层次分区的空间连接方法 S3J(size separation spatial join)(Koudas et al.，1997)。S3J 通过引入多个分区层避免重复对象。每个对象被分配到一个分区中，但是一个分区可能被上层多个层进行连接。层次数要足够小，每个层的一个分区可以完全放在内存中，即可消除连接中的多次扫描。空间哈希连接(spatial hash-join，SHJ)是基于输入数据的分布，执行不规则空间的分解操作，避免了重复的结果。

2) 代价评估计算方法

在上述连接方式中，人们对 R-树参与的连接代价的研究资料最为丰富。例如，Theodoridis 等(1998)对 Brinkhoff 等提出的算法 SpatialJoin 1(Brinkhoff et al.，1993)。SpatialJoin 1 的大体思路是对存在两个 R-树索引同步进行遍历，一个 R-树当作查询窗口的数据源，另一个作为检索树。空间连接代价估计按 R-树等高和不等高两种情况进行估计。统计模型支持非点空间数据的连接代价估计，也支持非均匀分布空间数据的 R-树连接代价。2000 年，Theodoridis 等又在前期研究成果的基础上提出新的选择和连接的代价评估模型。连接代价模型进一步改进，不再需要知道 R-树的性质，只需要知道数据的个数和数据的空间密度。

Theodoridis 等在 1998 年和 2000 年写的两篇关于 R-树空间代价模型的文章，在国内产生了很大影响。方裕等 2001 年设计了空间查询优化的系统方案 FQ Pro，实现了 Theodoridis 等的模型，并提出了空间代价模型中 CPU 计算的概括模型(方裕等，2001)。张志兵等在 2003 年假设矩形边长服从正态分布，对 Theodoridis 模型的概率函数进行改进，实验证明，改进模型的估计精度有显著提高(王元珍等，2003)。陈永亮在2007 年深入研究了 Theodoridis 等提出的基于 R-树的空间连接代价模型后，提出了将随机数表抽样算法应用于空间连接代价模型的想法，给出了一套查询窗口实际密度的计算规则，并考虑了缓冲策略提出了优先保存查询集合树的最新访问路径中的有效中间结点的 PP-LRU 算法(陈永亮，2007)。黄铁等(2009)指出 Theodoridis 的方法没有考虑内存局限，改进了模型获得较好的准确率。

除了研究索引存在时的空间连接代价外，还需要研究索引不存在时(例如当左右子树都是中间结果集)的空间连接代价。文献(Mamoulis，2005)详细分析了表 4-1 中第三列示出的四种无索引连接的代价计算方法。由于空间数据结构的复杂性以及这些操作的复杂性，其实现代价相当昂贵，因此，经管这些算法操作已出现十多年，但各种流行的空间数据库管理系统并没有采纳这些连接方法。所以，本节不再详细介绍，更多的细节可以参考文献(Mamoulis，2005)。

4.1.3　空间算子的 CPU 代价

前面讨论了基于 R-树的空间选择与空间连接的代价模型。但是大部分模型还是着眼于磁盘访问次数，即 I/O 代价，而较少考虑空间算子的 CPU 代价。尽管有些研究者根据不同操作提出了新的 CPU 代价计算方法，但是仍然以关系数据记录的移动和比较次数作为 CPU 代价的度量。在空间检索代价模型中，我们不仅需要考虑记录移动和比较次数，其实还需考虑参与运算的数据量和算法复杂度。Aboulnaga 和 Naughton 在 2000 年提出空间操作的 CPU 代价与数据点个数成正比，并采用 SQ 直方图预测空间点数据的分布情况，参与运算的空间点数据。此外，Aboulnaga 代价模型还采用平面扫描法对空间操作的算法复杂度进行了估计。

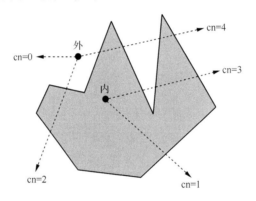

图 4-1　射线法

除平面扫描法外，射线法和旋转角度法也是空间相交操作的核心算法。Shamos 和 Hoey 在 1976 年提出了很多平面几何图形的问题，包括著名的两个平面图形的相交问题。随后，Shamos 在 1978 年的博士论文(被认为是计算几何学科的发源地)中提出了平面扫描法。Bentley 等(1979)又在 Shamos 方法上改进，不但可以判断是否相交，而且可以记录相交的个数。两个几何图形的相交问题还可以通过 PIP(point in polygon)方法解决。PIP 中最有名的是射线法(Worboys，1995；Rigaux et al.，2002)和旋转角度法。射线法是让点放射出一条线，探测射线和多边形边界直线段相交的个数，如图 4-1 所示。若相交的点数为奇数，则点在多边形内；否则，点在多边形外。旋转角度法是指将点和多边形上的点构成一个向量。该向量按照遍历多边形的点进行旋转，若旋转角度之和等于零，则点在多边形的外部；若旋转角度之和等于 2π，则点在多边形的内部，如图 4-2 所示。无论是射线法，还是旋转角度法，其时间复杂度都是 $O(n\log n)$，其中 n 为多边形的边数。该时间复杂度对空间算子 CPU 代价的估计有重要指导意义。

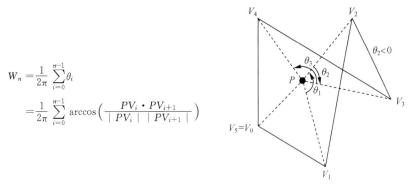

$$W_n = \frac{1}{2\pi} \sum_{i=0}^{n-1} \theta_i$$

$$= \frac{1}{2\pi} \sum_{i=0}^{n-1} \arccos\left(\frac{PV_i \cdot PV_{i+1}}{|PV_i| \; |PV_{i+1}|} \right)$$

图 4-2　旋转角度法

4.1.4　小　　　结

上述研究基本是针对空间查询中的某一个环节或特定环境进行研究，尚未形成一个整体、全面的空间查询计划代价评估方案。空间查询代价的评估是个复杂的、系统性问题；除了需要考虑计算机系统的 CPU 与磁盘的工作特点，还需要考虑空间对象的物理存储结构、空间索引技术、空间选择连接技术和空间操作等诸多问题。而 Ingres 则以查询代价计划树为线索，自下而上充分考虑各环节的数据条件、操作特点、磁盘读写等特点，构建了一套全面、系统的代价评估模型及其推演框架（详见 4.2）。因此，有必要将关系数据与空间数据的代价模型统一起来。本章将在 Ingres 代价评估的框架体系下，加入空间代价评估的相关研究成果，形成一套属性空间一体化的代价评估模型。

射线法和旋转角度法的时间复杂度都是 $O(n\log n)$，它将成为后续空间拓扑关系算子 CPU 代价评估的原型公式。由于我们的空间扩展模块是由 PostGIS 移植而来，而 PostGIS 判断空间关系的基础模块是基于开源项目 GEOS 中 9-交模型和射线法实现，故 $O(n\log n)$ 将成为后续空间关系 CPU 代价评估的原型公式。另外，由于空间坐标可能是多维的，为了与关系数据库中的简单类型（例如，整型、浮点型、字符型）统一，有必要将维数指标引入空间操作的 CPU 代价估计中。

4.2　基于查询树的 Ingres 代价评估模型

由于后续空间代价评估模型是在 Ingres 代价评估模型的基础上扩展的。在介绍研究成果前，先详细介绍基于查询树的 Ingres 代价评估模型。

4.2.1　代价模型推演框架

Ingres 中 opn_nodecost 函数的整体过程给出了关系数据库代价计算的整体思路。我们不妨沿着这个函数过程来研究 Ingres 代价推演的框架。该过程可分为以下三个阶段：

● 第一阶段是查找记载的子代价树。在 opn_nodecost 函数体内，开头部分的 opn_srchst 函数具有查找子代价树的功能。子代价树通过表的个数和集合来唯一确定。与该函数对应的函数还有 opn_savest（在 opn_nodecost 的后面部分可以找到），它用于存储操作枚举中代价最小的同构子代价树，即借鉴了第 3 章动态规划法中用存储来减少计算的思路。

● 第二阶段是计算当前节点为叶节点的代价。该阶段首先用 opn_sm1 函数分配等价类以及其他重要参数的获取；接着用 oph_relselect 函数计算布尔因式的选择率；然后用 opn_ncommon 函数对数据进行重新组织，而且只进行了数据排序的重新组织，计算数组重组代价，该代价并没有直接加到后面的投影代价中，而是在连接代价的计算时有选择的加载；数据表扫描到内存中采用的是 group pages 的方式，即一次读取磁盘的页面个数是 8；最后执行 opn_prleaf 函数，虽然该函数的本意是进行投影代价的计算，但是其中也包括了计算原表读取代价的 opo_orig 函数，还有计算投影代价的 opd_prleaf 函数，以及使用将代价树放入环形的链表中 opn_coinsert 函数。

● 第三阶段是计算当前节点为非叶节点的代价。该阶段的程序结构和上面有点类似，但是更复杂。它首先用 opn_sm2 函数分配等价类；其次调用自身函数进行递归；然后使用 oph_jselect 函数和 oph_relselect 函数构建（修改）直方图，并进行连接选择率的估计；接着用 opn_ncommon 函数对中间结果进行数据的重新组织；最后用 opn_calcost 函数估算操作枚举和连接的代价，当然也包括投影。opn_calcost 函数中 opn_sjcost 函数尤为重要。下面详细介绍该函数。

4.2.2　连接代价的计算

连接代价计算是在 opn_sjcost 函数中进行。该函数把连接分为 TID 连接、KEY 连接以及其他连接（例如，笛卡儿、排序合并、HASH 连接）三类分别进行评估。

1. TID 连接

一般的连接代价比较复杂。首先考虑较为简单的 TID 连接。TID 连接就是指根据左表的 TID 提取右子树（一定是一个基表）中的数据元组。其磁盘 I/O(dio) 和 CPU 代价如式(4-7)所示：

$$dio = probe\_io$$
$$cpu = otuples \quad (4\text{-}7)$$

式中，$otuples$ 是左子树元组个数，而探测的 I/O 次数($probe\_io$)将涉及读取到内存中的磁盘块数。$probe\_io$ 的计算需要考虑左子树结果元组集的排序和不排序两种情况。

1）左子树排序

在 Ingres 的 opn_eprime($onunique$，$itpb$，$itotblk$)函数中，用 Yao 方法估计了占用磁盘块的个数。函数中 $onunique$ 是左节点唯一元组个数，$itpb$ 是右节点每一个磁盘块的元组个数，*itotblk* 是右节点磁盘块个数。opn_eprime 的算法见式(4-8)。

　　Yao 算法的主要思路是将左子树的元组当作球(ball)，磁盘块当作一个桶(bucket)，同时每个桶装载球的个数是有限制的。这个方法主要是根据概率的方法来估计选中的磁盘块数。假设左子树输出了 r 条数据(球)，右子树(右主表)占用了 n 个磁盘块(即 n 个桶)，平均每个磁盘块中含有 m 个数据。假设每个球放到每个数据桶的概率是相等的，我们可以计算出 r 个球(数据)所占桶(磁盘块)的个数(Palvia et al.，1984)。Yao 使用了最简单的、计算量较小的方法(见式(4-8))：

$$E(r,m,n) = n \times (1 - (\prod_{i=1}^{r} \frac{m \times n \times d - i + 1}{m \times n - i + 1})) \tag{4-8}$$

式中，$d = 1 - 1/n$。假设每个桶被每个球投中的概率一样，现在投掷第一个球，第一个桶(磁盘块)不被投中的概率为 $1 - \frac{m}{n \times m} = \frac{m \times n \times d - 1 + 1}{m \times n - 1 + 1}$；然后，投第二个球，桶(磁盘块)仍然不被投中的概率为 $1 - \frac{m}{m \times n - 1} = \frac{m \times n \times d - 2 + 1}{m \times n - 2 + 1}$；投第 i 个球，桶(磁盘块)仍然不被投中的概率为 $1 - \frac{m}{m \times n - i + 1} = \frac{m \times n \times d - i + 1}{m \times n - i + 1}$。那么，每个桶不被选中的概率为 $\left(\prod_{i=1}^{r} \frac{m \times n \times d - i + 1}{m \times n - i + 1}\right)$，则被选中的概率为 $\left[1 - \left(\prod_{i=1}^{r} \frac{m \times n \times d - i + 1}{m \times n - i + 1}\right)\right]$。但是，当排序的左子树 TID 有重复时，还需对投中的磁盘块个数进行修正，具体的方法参考 Kooi 的博士论文(Kooi，1980)。

　　2)左子树不排序

　　当左子树数据不排序时，CPU 的计算没有变化。但是 I/O 计算则需要考虑下面两种情况：如果可以放在缓存中，则 I/O 计算方法与上小节相同；如果不能放在缓存中，又不能像左子树排序那样可以避免重复读取磁盘，就必须使用下面的方法。

　　在介绍方法前，先介绍"子序"的定义。假设球标记了类型(桶号)、且类型随机排序，"子序"则是一个类型相同的且位置邻近的球序列。若右子树的磁盘块数为 e(可用 Yao 方法计算而来)，则左子树输出的每一条记录作为一个球，每一个球都有唯一的类型，类型就是右子树的磁盘块号码。一个子序中的所有球一定与右子树中同一个磁盘块的元组进行连接。左节点子序个数的估计方法如下：首先让第一个类型作为类型 1，其他的类型放在一起作为类型 2；此时，类型 1 将会有 m 个球(m 的含义同上)，而类型 2 则有($otuples-m$)个球；那么子序的估计个数是($2 \times m \times (otuples-m))/otuples + 1^*$；再除以 2 得到涉及类型 1 的球的子序估计个数；所以对于一个给定类型的球估计的子序个

---

　　* Ingres 中上面公式的推导实际上是借鉴了 Hogg 和 Tanis 的书 *Probablty and Statistical Inference*。我们可以这样简化思考：假设类型只有 A 和 B 两种，那么子序的个数最多为 $A + B$，最少为 1。由于 $(A+B)^2 \geqslant 2AB$，即 $A + B \geqslant 2AB/(A+B)$；所以我们可以使用 $2AB/(A+B)$ 来估计子序个数；又由于实际中子序个数肯定大于 0，所以可以给这个公式加个 1，即最终的公式是 $2AB/(A+B) + 1$。

数为 $m\times(otuples\text{-}m))/otuples+1/2$，并且总体的子序的个数为 $n\times(m\times(otuples\text{-}m)/otuples+1/2)=n\times m\text{-}m+n/2$。因此，磁盘 I/O 见式(4-9)。

$$dio = E(onunique,itpb,itotblk)\times itpb\text{-}itpb + E(onunique,itpb,itotblk)/2 \qquad (4\text{-}9)$$

2. KEY 连接

对于 KEY 连接代价计算也分为 CPU 代价和 I/O 代价两部分。先估算 B-树 KEY 连接的 CPU 代价。CPU 代价包括两个部分：前一部分是连接结果元组的个数与没匹配上的元组个数之和乘以重复率；后一部分是左子树元组个数乘以在索引中使用的块的数目。B-树的 KEY 连接 CPU 代价如式(4-10)所示：

$$\begin{aligned}cpu =&(jnunique \times exist\_factor + unique\_count)\\&\times(otuples/onunique) + dircost \times otuples\end{aligned} \qquad (4\text{-}10)$$

式中，$jnunique$ 是参加连接左子树的唯一元组个数；$exist\_factor$ 是第一个元组被成功获取前读取的元组占所有元组的概率；$unique\_count$ 是左子树没有参加连接的唯一元组个数；$otuples/onunique$ 是左子树元组重复率的倒数；$dircost\times otuples$ 是每一次比较都要扫描一次索引页。参数 $dircost$ 的计算一般情况下是 B-树的高度。$exist\_factor$ 参数是针对查询语句中 in 或者 exists 存在情况，第一个元组被成功获取前读取的元组占所有元组的概率(半连接处理方式)。一般情况下 $exist\_factor$ 取值为 0.5。

对于 ISAM 和 HASH 结构的 KEY 连接，若存在半连接，则其 CPU 代价如式(4-11)所示；否则如式(4-12)所示。

$$\begin{aligned}cpu=&(jnunique \times exist\_factor + unique\_count)\times(otuples/onunique)\\&\times iblocks1 \times itpb + dircost \times otuples\end{aligned} \qquad (4\text{-}11)$$

$$cpu= otuples \times(iblocks1 \times itpb + dircost) \qquad (4\text{-}12)$$

式中，$jnunique$、$exist\_factor$、$unique\_count$、$otuples/onunique$、$dircost\times otuples$ 的含义同式(4-10)。与 B-树结构相比，ISAM 和 HASH 结构的 KEY 值连接要额外考虑页面溢出的情况。因为 B-树是动态树结构，是不会存在页面溢出情况，而 ISAM 和 HASH 结构是静态结构，在插入等操作发生时可能会有页面溢出。因此，$iblocks1 \times itpb$ 是在考虑页面溢出情况下，计算页面溢出的大小，其中，$itpb$ 是右子树每个磁盘块的元组个数，$iblocks1$ 是一个比率，即读取溢出页面的平均磁盘 I/O，计算方法如式(4-13)所示。

$$iblocks1 = (iprimblks + opage\_count)/iprimblks; \qquad (4\text{-}13)$$

式中，$iprimblks$ 是右子树主存储区磁盘块(页面)个数；$opage\_count$ 是右子树溢出页面个数。

KEY 连接的 I/O 代价计算需要考虑左子树排序、不排序两种情况。

1) 左子树排序

首先索引页占用的磁盘块数可使用上述 Yao 的方法[见式(4-8)]估计。由于 B-树的 KEY 连接不涉及数据页，而 ISAM 和 HASH 结构则需要考虑数据页，对于数据页占用的磁盘块的个数可使用式(4-14)估计：

$$dio = onunique + (jnunique \times exist\_factor + onunique\text{-}jnunique) \times (iblocks1 - 1.0)$$

$$(4\text{-}14)$$

式中，$onunique$ 表示对于左子树的每个唯一值至少需要一次磁盘 I/O；$jnunique \times exist\_factor$ 表示对于连接结果的每个唯一值，需要考虑溢出页面，如果查询语句中有 in 或者 exists 存在，还需要考虑比率 $exist\_factor$，$onunique\text{-}jnunique$ 表示没有匹配到的元组唯一值的个数，所以溢出页面一定会被扫描；而 $iblocks1$ 的计算见式(4-13)。

2）左子树不排序

若左子树曾经被 HASH 或者 ISAM 处理后，虽然现在的左子树不排序，但有些值可能是重复的或邻近的。我们将数据中值重复或值排序的一个元组片段称为一个段（run），在连接中我们可以利用值重复或有序的特点，减少连接的次数；例如：具有相同值段的可以在一次连接运算中完成，而值有序的片段，则借鉴排序-合并连接的思想简化连接算法。段是一个重要概念，后续的代价评估中也会经常遇到。在代价评估中常用到段的两个参数重复因子（$adfactor$）和排序因子（$sortfactor$）。$Adfactor$、$sortfactor$ 分别表示值重复、值邻近的段的平均长度，在 Ingres 中默认值分别为 1.1 和 3。对于每个值重复的段，我们仅进行一次索引结构检索或 Hash 计算，然后去寻找相应的磁盘块。$jnunique/onunique$ 是参加连接左子树元组唯一值的比率，所以 $jnunique/onunique \times otuples/adfactor$ 就是参加连接的段的数目。对每一组邻近的元组，我们读取右子树的磁盘溢出率为 in/ip，故 I/O 总代价见式(4-15)。其中，$dirsearchcost$ 为右子树（索引表）的索引检索代价，in 是静态结构中基本磁盘块数和扩展磁盘块数之和，ip 是静态结构中基本磁盘数。在 Hash 和 ISAM 静态结构，建表时分配的磁盘块是基本磁盘块，后续溢出时分配的磁盘块为扩展磁盘块。

$$\begin{aligned} dio =\ & otuples/adfactor \times dirsearchcost + jnunique/onunique \times otuples/adfactor \\ & \times in/ip \times adfactor + (1 - jnunique/onunique) \times otuples/adfactor \times in/ip \end{aligned}$$

$$(4\text{-}15)$$

3. 其他连接(笛卡儿、排序-合并、HASH 连接)

其他连接代价的估算是按照右子树排序/左子树排序、右子树排序/左子树不排序、右子树不排序三种情况进行评估。

1）右子树排序/左子树排序

若左右子树都排序，则通常会采用排序-合并连接。I/O 代价主要是在左右子树排序阶段，或者本来就已经排序但仍然需要在合并阶段考虑内存的消耗。所以主要需要考虑 CPU 代价，计算方法如式(4-16)所示。

$$cpu = jnunique \times ireptf \times oreptf + (inunique\text{-}jnunique) \times ireptf \\ + (onunique\text{-}jnunique) \times oreptf \tag{4-16}$$

式中，$jnunique \times ireptf \times oreptf$ 代表结果中每个连接值需要左右子树元组的一次比较，$(inunique\text{-}jnunique) \times ireptf$ 代表没有参加连接的每个右子树元组有一次比较，$(onunique\text{-}jnunique) \times oreptf$ 代表没有参加连接的每个左子树元组有一次比较；$jnunique$、$inunique$ 和 $onunique$ 分别是连接结果集、右子树元组集和左子树元组集的唯一元组个数；$ireptf$ 和 $oreptf$ 分别是右左子树的元组重复率。

2）右子树排序/左子树不排序

根据第 4.2.2 的 KEY 连接中第（2）小节介绍的"段"的概念，虽然左子树元组不排序，但数据中难免存在系列有序的段。根据系统提供的 $sortfactor$，可以知左子树有 $otuples/sortfactor$ 个段。假设段中的值在右子树中的存储位置是随机的，且假设 $blockperrun$ 个磁盘块被读取，其中 $blockperrun = \mathrm{acap}(sortfactor, itpb \times iholdfactor, itotblk/iholdfactor)$，则上面公式右子树的一个磁盘块中的元组数乘以 $iholdfactor$（默认值为 8）是因为这种情况是通过磁盘组的方式获取的（一次获取 $iholdfactor$ 个磁盘块）。

函数 acap 的计算方法是：将 $\mathrm{eprime}(r, m, n)$ 个球分到 n 个首尾相接格子中，平均一个球占用的格子是 $n/\mathrm{opn\_eprime}(r, m, n)$。如果我们随机选定一个格子作为开始或者末尾，那么在一个格子与标记的格子之间的格子数目是 $n/(\mathrm{opn\_eprime}(r, m, n) \times 2)$ 个，所以需要被扫描的格子数是 $n - n/(\mathrm{opn\_eprime}(r, m, n) \times 2)$。

对于每个段，我们将大约有一半的情况通过了最后一页，故读取的页面数需要减去 $otuples/(sortfactor \times 2)$，然后乘以每一个页面的元组个数；其代价的计算如式（4-17）所示。

$$dio = (otuples/sortfactor) \times blockperrun \\ cpu = (dio\text{-}otuples/(sortfactor \times 2.0)) \times tupleperblock \tag{4-17}$$

3）右子树不排序

若右子树元组不排序，则对于每个参与连接左子树的元组都需要读取右子树的所有磁盘块，故其 I/O 代价如式（4-18）所示。

$$dio = otuples \times jnunique \times iblocks/(exist\_factor \times onunique) \\ + (onunique\text{-}jnunique) \times iblocks \tag{4-18}$$

式中，$otuples$ 是左子树元组个数；$jnunique$、$onunique$ 分别是连接结果集和左子树元组集的唯一元组个数。$(otuples \times (jnunique/onunique))$ 是参加连接左子树的元组个数，再乘以要求扫描的右子树磁盘块个数（$iblocks$），则为 I/O 次数。

其 CPU 代价则如式（4-19）所示。

$$cpu = dio \times itpb \tag{4-19}$$

式中，$itpb$ 是右子树每块磁盘的元组个数。需要注意：如果右子树不是直接从磁盘中读取，例如，从投影约束节点上读取缓存在磁盘的数据，采用 group 的方式读取。这个时候 $itpb$ 需要乘以 $iholdfactor$（默认为 8），因为一个 I/O 实际上是读取了 8 个磁盘块。

4.2.3　计划树的代价

上面讨论的是当前节点的代价计算模型。在 Ingres 中，除需考虑每个节点的自身执行代价外，还要累计其左、右子树的执行代价，因此，自下而上根据式(4-20)就可得到整个查询计划树的执行代价。

$$dio += odio + idio \qquad /\ast \text{ 加载左右子树的 I/O 代价 } \ast/$$

$$cpu += ocpu + icpu + otuples \qquad /\ast \text{ 加载左右子树的 I/O 代价，无论 } \qquad (4\text{-}20)$$

$$\text{何策略都要读取左子树元组一次 } \ast/$$

最后一步要对左右子树是否排序的情况，加上排序的代价，得出总体的代价。

4.2.4　Ingres 代价评估示例（改进前）

在尚未对 Ingres 的代价评估模型进行改进的情况下，以 3.3.2 节的查询语句为例，经第 3 章在空间约束对方面的修改后，该查询语句能执行，但执行代价不一定最优。经 Ingres 的传统查询优化器评估后，系统选用了图 4-3 所示查询计划作为最优计划。图 4-3 的树形描述为 4312111，表排列为 0142。数字 0142 分别对应了表 HDcompanies、HDbuiltups、HDcommunities，其元组数分别为 1000、3374、33。图 4-3 中 HDcommunities 的索引表 spidx_HDcommunities 作为了一个独立的表参与查询。

我们先简单解读图 4-3 所示计划的执行代价，而其代价具体的计算过程在后面的段落中进一步描述。图 4-3 自下而上的执行过程如下：①读取 HEAP 结构的 HDcompanies 表的元组，该表的 1000 条元组约需要读取 127 个磁盘页面。②对 HDcompanies 表的 a04 列进行投影-约束操作，投影-约束后的临时表约有 1000 条元组，此步约需读取 36 个磁盘页面，I/O 代价折算为 16，CPU 代价折算为 10。③读取 HEAP 结构的 HDbuiltups 表的元组，根据 4.2 节给出的代价模型，投影-约束后的临时表约有 3374 条元组，此步约需要读取 1689 个磁盘页面，I/O 代价折算为 211，CPU 代价折算为 34。④对 HDbuiltups 表的 ca_id 列进行投影-约束操作，该操作涉及 3374 条元组，此步约需读取 147 个磁盘页面，其 I/O 代价折算为 211，CPU 代价折算为 34。⑤基于上述两表的投影结果，对 HDcompanies. a04 和 HDbuiltups. ca_id 进行 HASH 连接，连接结果约有 1000 条元组，此步约需读取 12 个磁盘页面，此时查询子树的 I/O 代价为左右子树 I/O 代价之和(16＋211＝227)加上 HASH 连接的 I/O 代价 56，即 283；查询子树的 CPU 代价为左右子树的 CPU 代价之和(10＋34＝44)加上 HASH 连接的 CPU 代价 44，即 88。⑥对 HASH 连接结果中 HDcommunities. shape 列和 spidx_HDcommunities 索引进行空间连接，连接结果约有 100 条元组，此步约需读取 2 个磁盘页面，此时 I/O 代价基本来自左子树的 I/O 代价 283，CPU 代价为左子树的 CPU 代价(88)加上空间连接

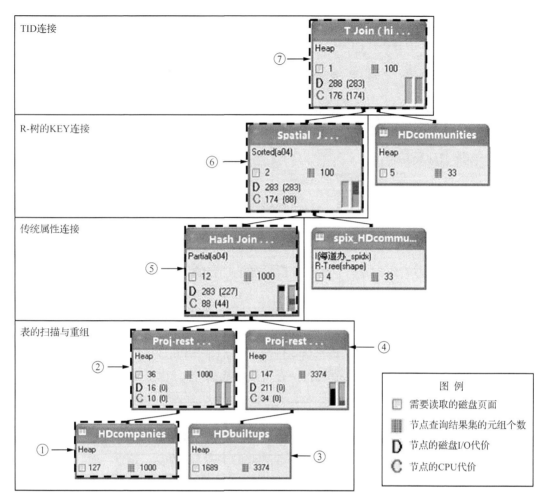

图 4-3　Ingres 优化器选择的最优查询计划

的 CPU 代价，共为 174；⑦将上步空间连接的结果与 HDcommunities 基表，做 TID 连接，连接结果有约 100 条元组，此步约需读取 1 个磁盘页面，此时 I/O 代价基本来自左子树的 I/O 代价 283，CPU 代价为左子树的 CPU 代价（174）加上 TID 连接的 CPU 代价，共为 176。经过上述推演，该查询计划的 I/O 代价为 288，CPU 代价为 174。

　　下面详细介绍图 4-3 中各节点代价的计算过程。结合 Ingres 程序详细分析操作枚举与代价计算的执行过程，函数 opn_gen 产生了 4312111 的左深树形，函数 opn_arl 产生了 0142 的有效表排列后，进入函数 opn_ceval 进行操作枚举与代价计算，其实质是从小计划到大计划的迭代过程。入口函数 opn_nodecost 是一个递归函数。从根节点出发，到达叶节点，在回归的过程计算总体的代价。

1. 表扫描与重新组织的代价

　　图 4-3 中节点②属表扫描和数据重组织操作。系统从树节点代价函数（opn_node-cost）中进入投影函数（opn_prleaf，计算投影代价和编译投影节点），再进入投影代价函

数(opn_prcost)。在节点②中将 HEAP 结构的基表读入内存需要采用批读取(group read)的读取方式,由于一次性读取因子为 $holdfactor = 8$,基表占用的所有磁盘块个数为 $reltotb = 127$(该值可以从系统表中得知),故节点②的 I/O 代价为 $reltotb/holdfactor = 15.875$,约为 16(如节点②后的数字所示);由于基表元组总个数为 $\text{tups} = 1000$,CPU 代价暂为 1000;考虑到要和 I/O 代价相加,CPU 要乘以 α 因子(1/100),故 $C = 10$。D 和 C 后面跟着一个括号,里面分别是 0,表示从图 4-3 节点①中继承过来的代价。

节点②左侧节点的代价计算方法与上相同,这里不再赘述。函数 opn_nodecost 经过自身的递归,从叶节点回到非叶节点的代码区。函数 opn_calcost 是接下来代价计算的核心入口。函数 opn_calcost 被调用了两次,参数是左右子树的相关参数相互调换位置。所以,这就可以解释为什么产生阶段的树形都是结构唯一非对称的。

2. 属性等值连接的代价

图 4-3 中节点⑤涉及的是 HDcompanies.a04 和 HDbuiltups.ca_id 的属性连接操作。函数 opn_calcost 的核心是六个循环操作枚举部分,而所有的代价计算都是在 opn_calcost 内的 opn_sjcost 中完成的。在函数 opn_calcost 中操作枚举阶段,由于左右子树都是投影-约束节点,所以将进行左右子树排序或不排序的代价计算。两个基表的结构都是 HEAP 结构,不能进行 TID 连接和 KEY 连接,所以属于其他连接方式。故系统分别针对右子树排序/左子树排序、右子树排序/左子树不排序、右子树不排序三种情况进行了代价估计;最后系统选择了代价最小的右子树排序/左子树排序的连接,其代价评估模型对应 4.2.2 节其他连接中的第(1)小节。

这两个基表的结构都是 HEAP 的,不能进行 KEY 连接;故程序跳到外面的大条件是左子树是有序的,里面的一个小条件是右子树是有序的代价计算方法区。计算方法如下所示:若左子树的元组数据是有重复的,需要计算额外的 I/O 代价;由于左子树的重复率($rptf$)为 1,表示没有重复值,故此时没有额外的 I/O 代价。当表结构为 ISAM 时,采用 snowplow 的算法进行快速排序,根据算法复杂度右子树快速排序的 CPU 代价是 57.174919;由于排序可能导致的估计代价比较大,为防止笛卡儿积连接的出现,Ingres 采用了一个小的启发式规则,将 CPU 的代价减去 3,值为 54.174919。右表占用的磁盘块个数为 147,HEAP 结构的右表的批读取块个数为 8 个,所以读取数据的 I/O 代价为 147/8 = 18.375。由于优化器在前面的排序映射等操作使得内存已经用完,右表元组的排序不能在缓存中完成,此时,还额外需要 37.700634 的 I/O 代价。而左子树快速排序的 CPU 代价是 36.279049。由此可知,排序的 I/O 代价是 18.375 + 37.700634 = 56.075634,CPU 代价是 54.174919 + 36.279049 = 90.453968。

由于该操作属于其他连接,并按左右子树均有序的情况,得知其 CPU 代价如式(4-16)所示。这里的左右基表都经过了排序处理,优化器采用了排序-合并连接。$jnunique$(值为 1000)、$inuique$(值为 3374)、$onuique$(值为 1000)分别表示连接结果集、左子树结果集、右子树结果集唯一值的个数;$ireptf$(值为 1)、$oreptf$(值为 1)、$ireptf \times oreptf$ 分别表示右子树结果集、左子树结果集、连接结果集的元组重复率。该排序-合并连接的 CPU 代价值为 3374。至此,该节点的 I/O 代价是 56.075634,CPU 代价是 90.453968 +

$3374 = 3436.453968$。

当前连接 I/O 和 CPU 代价的计算完成后，需要加上其左右子树的 I/O 和 CPU 代价，如式(4-20)所示。所以节点⑤中 D 和 C 后面的括号中的数值就是当前节点代价与左右子树代价之和；故节点⑤对应查询子树的 I/O 总代价(D)为 $56.075634 + 15.875 + 211.125 = 283.075634$，由于 $icpu$、$ocpu$、$jtuples$、cpu 前面估计值分别为 3374、1000、1000、3436.453968，故其 CPU 总代价(C)约为 8810，除 100 后，约为 88。

这里需要说明的是，虽然左右子树都排序符合排序归并连接，但是 Ingres 中在获得最优计划之后在查询计划编译之前对那些需要在当前节点额外对子树进行排序的，会启发式地强制将排序归并连接转化为哈希连接；故图 4-3 中节点⑤标识的是哈希连接。

3. KEY 连接的代价

代价树继续向上计算，接下来遇到的是 R-树 KEY 连接(节点⑥)。这里需要特别强调的是，由于 Ingres 中没有空间 R-树连接的具体代价计算，所以 R-树 KEY 连接在这里计算代价会出现问题。前面所述 KEY 连接代价在这里并不适用，R-树 KEY 连接的代价计算会错误地进入其他的计算路径。前面小节计算的子代价树都是会被存储起来，以备后面其他计划计算代价的需要。首先，获得节点⑥的左子树的最小查询计划，在该最小代价的支撑下，需要针对左子树排序与左子树不排序两种情况估算节点⑥的代价，具体如下述(1)、(2)条所示。由于局部最优不一定等于整体最优，故系统尝试基于 Ingres 事先存储的、节点⑥左子树的另一查询计划(非最优)，估算节点⑥的代价，若该代价小于上述(1)、(2)条的代价，则将该计划作为节点⑥的最小查询计划，具体如下述(3)条所示。

(1) 左子树代价最小，左子树排序：Ingres 在左子树排序的 KEY 连接只考虑 B-树、ISAM、HASH 三种结构。Ingres 首先判断左表是否为 B-树结构，否则按 ISAM、HASH 结构估算代价。此时，Ingres 错误地将空间连接视为 ISAM 和 HASH 结构去计算 CPU 代价，具体如式(4-12)所示。由于 $otuples = 1000$，$iblocks1 = 1$，$itpb = 8.25$，$dircost = 1$，则 $CPU = 9250$。接着计算重复率的影响，调整 CPU 的代价计算得 10339.000，$I/O = 133$。根据 4.2.4 的第 2 小节可知，节点⑥的左子树(节点⑤)最优计划的 I/O 代价 283.07562，CPU 代价 8838.4541；左子树只有一个叶子节点共有 1000 条记录，I/O 代价和 CPU 代价都为 0；再加上左子树排序的代价 14.521818，最后得出的计算结果为 $CPU = 20191.975$，$I/O = 416.07562$。

(2) 左子树代价最小，左子树不排序：由于 Ingres 在 KEY 连接的代码段没有涉及 R-树参与的空间连接代价估计，对于左右子树都不是排序的情况，Ingres 按照其他连接的第(3)种情况进行计算，根据式(4-18)，由于 $otuples = 1.1$，$onunique = 1.0$，$jnunique = 0.033$，$iblocks1 = 909.09088$，$exist\_factor = 1$，可以得出 $dio = 912.09088$；再根据式(4-19)，由于 $itpb = 8.25$，可以得出 CPU 代价为 7524.75。尽管此时有 I/O，但在其后的操作中 Ingres 又将该 I/O 代价置为 0。由于其左子树的 I/O 代价为 283.07562、CPU 代价为 8838.4541，右子树的 I/O 代价为 0、CPU 代价为 0；故该节点的 I/O 代价为 $0 + 283.07562 + 0 = 283.07562$，该节点的 CPU 代价为 $7524.75 +$

8838.4541+0+1000(本节点的左子树的记录树)=17363.203。

（3）左子树代价非最小，左子树无序的情况：此时该节点代价的计算方法同上节，其 CPU 代价为 7524.75，I/O 代价为 0。最后加载子树的代价，最终得到 I/O 代价为 283.07562，CPU 代价为 19737。其 CPU 代价比上述第（2）种情况大。

可见，上述三种情况中（2）的代价最小，故节点⑥中 $C=174$，$D=283$。

4. TID 连接

枚举并计算完 R-树连接代价后，opn_nodecost 会递归到基表 HDcommunities 的代价计算，过程和节点①是一样。接着会走到节点⑦处进行 TID 连接的代价估计。由于 Ingres 没有空间选择率估计函数，此时调用 oph_relselect 返回默认的选择率值 1，将直接导致后续 I/O 估计的错误；另外，这里不再进行 opn_ncommon 数据的重新组织（重新组织会打乱表的存储位置，索引就没有意义了），直接又回到函数 opn_calcost 中的函数 opn_sjcost。

Ingres 将节点⑦视为 TID 连接，故在函数 opn_sjcost 中直接进入到 TID 连接的代码区域。从子树节点的备选计划中枚举计划进行 TID 连接。经过 Ingres 中启发式的淘汰策略，进入 opn_sjcost 函数的左子树计划只有一个，即代价最小那个。因此，会估计其左子树排序和不排序两种情况。

（1）左子树排序：无论如何，TID 连接先进行 Yao 的方法进行磁盘块数目的估计，是在函数 opn_eprime (r, m, n) 中完成。虽然左子树有 100 条记录，但是这里的 r 取值唯一，这里估计 $r=33.000000$，$m=6.5999999$，$n=5.0000000$。因为 $r > m \times n - m$，即启发式默认所有的桶都会被使用到，所以结果直接返回 5，即 I/O 为 5。左子树有 100 条记录，所以 CPU 代价为 100。

该节点的左子树的 I/O 代价为 283.07562，右子树的 I/O 代价为 0，两者加到 I/O 代价上为 5+283.07562+0=288.07562；左子树的 CPU 代价为 17363.203，右子树的 CPU 代价为 0，本节点的左子树有 100 条记录，他们三者加到该节点的连接操作 CPU 代价上就为当前子树的 CPU 代价，为 100+17363.203+100=17563.203。

由于左子树需要排序，所以还要加上额外的排序 CPU 代价为 4.4661460。最终的代价为 I/O=288.07562，CPU=17567.670。

（2）左子树不排序：操作枚举又产生第二个进入 opn_sjcost 计算的计划，过程和第一个大体一致，也是 TID 连接。唯一不同的是本次代价估计需要左子树无序。这里使用 YAO 的方法计算得出 I/O 代价为 $probe\_io=5$，小于可用的缓存大小 $cache\_available=288.00000$。所以不用考虑 TID 连接需要考虑左子树非排序的 I/O 代价。这里又不需要考虑左子树的排序 CPU 代价，最终的代价是 CPU=17563.203，I/O=288.07562。这次的代价要比第一个小，因为省略了一些排序的操作，后面没有再进入 opn_sjcost 计算代价。这个操作枚举的 $D=288$、$C=176$ 就出现在最优计划的节点⑦中。

5. 结论

本示例表明，尽管 Ingres 实现了空间数据存储和检索的相关操作，但在内核的代价评估中套用的是传统属性评估的模型和逻辑,没有针对空间数据管理的特殊性进行处理,从而遗失了大量空间查询操作的代价,导致估计的代价远小于实际运行的代价。丢失的空间查询操作代价具体表现为:没有顾及到 R-树结构的特殊性、没有进行空间选择率的估算、没有顾及空间数据的主表＋扩展表的存储方式(详见 2.2.4)、没有顾及空间操作的高复杂性以及没有认识到空间 TID 连接与传统 TID 连接的区别(详见 4.3.3 中空间 TID 连接的代价模型)等等。

4.3 扩展的空间代价模型

本节将针对空间数据的特殊性,在 Ingres 中扩展空间代价的评估模型。空间查询代价的评估主要分为空间扫描代价和空间连接代价两部分。后面提到的空间扫描操作主要是针对左表,具体包括:主表(带选择约束条件或者不带)的扫描,索引表(R-树,一定带选择约束,否则没有意义)扫描。右表的扫描操作代价计算被归并到连接代价模型中。连接操作主要包括:主表连接(HEAP 连接,带选择约束条件或者不带)、R-树连接(KEY 连接,带选择约束条件或者不带)和空间 TID 连接。

4.3.1 空间查询代价估算的特殊性

在模型设计前,我们要充分了解空间查询代价估算的特殊性。首先,空间查询操作(ST_Intersects、ST_Contains 等)与传统的查询操作(等值匹配、范围查询)不一样。由于传统操作定制的数据结构(SORT/ISAM/HASH/B-树),不能直接应用于空间数据索引;故催生了 R-树等存储格式。因此,在空间代价模型估计中,我们需要以当前最为流行的 Hilbert R-树索引结构为例,讨论了空间代价模型的计算方法。此外,空间查询操作要比传统查询操作复杂的多。

其次,空间数据占用的磁盘存储空间远远大于传统的数据类型,所以要尽可能减少空间数据在执行过程中的比较和移动次数。仿照传统的方法,如果对空间数据进行符合空间操作逻辑的数据重新组织,其代价将相当昂贵。考虑到这点,空间查询将不会考虑对空间数据进行符合空间逻辑的重新组织。另外,由于空间查询不考虑空间数据的重新组织,所以不会用到临时文件,因此空间代价评估也不会考虑临时文件的开销。

最后,空间数据复杂性使得空间数据出现重复的概率很小。传统的数据库和相关文献花了很大的精力处理重复数据。很多的操作在后续处理中都要考虑重复数据的影响,因此都做了后续调整。以图形为核心的空间数据出现重复的概率很小,而且重复数据对于非大小比较的空间操作逻辑影响不大,因此在代价的设计中将不考虑计划树叶节点空间数据的重复性问题。

现在详细介绍我们的代价模型。代价模型也分别从 I/O 和 CPU 两个方面进行计算。I/O 最小计算单位是磁盘块。CPU 计量单位是计算涉及数据的坐标点个数。整体代价计算也采用权重法:$COST = I/O + \alpha \times CPU$。由于一次 I/O 约需 10ms,而 CPU 则是微秒级的操作，为消除量纲的影响，故我们将 α 置为 1/100。

需要注意的是，代价的计算包括粗过滤和精匹配两个过程。

4.3.2　空间扫描代价

1. 主表扫描

若左表是主表，且没有选择约束条件，则只考虑 I/O 代价，主表的扫描代价（$LDSCost\_IO$）就是主表及其扩展表占用的磁盘块总数（$BLOCK$），见式（4-21）。

$$LDSCost\_IO = BLOCK \tag{4-21}$$

若左表是主表，且有选择约束条件，除要考虑 I/O 代价外，还要考虑 CPU 代价。数据库中空间查询操作分为粗过滤和精匹配两部分。粗过滤是用空间数据的 MBR 进行简单的拓扑判断；而精匹配则是用空间数据本身进行精确的拓扑关系判断。两部分均采用算法的时间复杂度为 $n \times \log n$（见 4.1.3 节），其中 n 为两个多边形的边数，由于边数等于点数减 1，所以应用中 n 也可视为多边形的点数（Berg et al.，1997）。故该情况下的 CPU 代价也是两个 9-交模型复杂度之和，如式（4-22）所示。

$$
\begin{aligned}
LDSCost\_CPU = {} & PrimTupleCount \times (QDPCount + 4) \times \log(QDPCount + 4) \\
& + PredCount \times (QDPCount + SDPCount) \times \log(QDPCount + SDPCount)
\end{aligned}
$$
$$\tag{4-22}$$

式中，$PrimTupleCount$ 是参与粗过滤的主表的记录数（可以从系统表中读出），因为粗过滤是对所有的空间数据（主表的总记录个数）进行了判断；另外粗过滤是对空间对象的 MBR 进行判断，故还需加入其顶点的数目 4。而精匹配仅对粗过滤的结果集（选择率）$PredCount$ 进行判断，选择率的估计可采用第 5 章空间直方图的方法进行预估；另外，$SDPCount$ 是每个空间数据的平均点个数，$QDPCount$ 是约束图形的数据点个数。

2. 索引结构表扫描

在索引表扫描中，如果左表（主表）是 R-树结构，可能存在选择约束。不但要考虑 I/O 代价，还要考虑 CPU 代价。

在 I/O 代价的估算中，若经选择约束条件作用后，元组数为 $PredCount$、索引页面大小为 $IPageSize$、索引关键词实体节点的大小为 $KUtilitySize$、索引填充率为 $FillP$，则每个节点的最多数据（关键词）个数 $MaxEntityCount$ 和扇出 $FanOut$ 可分别用式（4-23）和式（4-24）估算。假设 R-树的根节点可以全部放在内存中，那么索引表的部分数据将会被扫描，I/O 代价小于全表占用的空间。假设叶节点在树索引的第 1 层，若树高为 h，则根节点在第 h 层。第 1 层树叶节点被选中的个数为 $SNodesCnt_1 = \lceil PredCount / FanOut \rceil$，第 2 层被选中的节点个数为 $SNodesCnt_2 = \lceil NodesCnt_1 / FanOut \rceil$，第 i 层被选中节点个数为 $SNodesCnt_i = \lceil SNodesCnt_{i-1} / FanOut \rceil$。由于索引表占用的数据块个数设置为 $PrimeBlockCount$，还需要加上扩展表对应的磁盘块数（假设每个元组对应的空间

扩展表的列数为 $SegCountPTuple$，其值可以从系统表中读取），则 I/O 的计算代价如式(4-25)所示。

$$MaxEntityCount = IPageSize/KUtilitySize \qquad (4\text{-}23)$$

$$FanOut = MaxEntityCount \times FillP \qquad (4\text{-}24)$$

$$LDSCost_{\text{IO}} = \sum_1^h \text{E}(SNodesCnt_i, FanOut, PrimeBlockCount)$$
$$+ PredCount \times SegCountPTuple \qquad (4\text{-}25)$$

CPU 的计算代价主要来自粗匹配。CPU 代价分为两部分：一部分是检索节点的 CPU 代价；另一部分是来自 9-交模型粗匹配的 CPU 代价，如式(4-26)所示。

$$LDSCost\_CPU = \sum_1^h (SNodesCnt_i \times (QDPCount + 4) \times \log(QDPCount + 4))$$
$$+ PredCount \times (QDPCount + 4) \times \log(QDPCount + 4)$$

$$(4\text{-}26)$$

4.3.3　空间连接代价

这里仅讨论空间笛卡儿连接、空间 KEY 连接、空间 TID 连接的代价。由于扫描是针对左表的，即左表的 I/O 代价已经考虑，在连接的代价模型设计中只要考虑右表的 I/O 即可。因此，连接节点的 I/O 代价与右表部分或全部数据的磁盘读取相关，其 CPU 代价与连接的具体操作相关。

1. 空间笛卡儿连接

笛卡儿连接是最简单的一种连接方式。通常也叫做嵌套连接或 HEAP 连接，即对于左表的每一条数据要对右表的全部数据进行遍历搜索匹配数据。一般来说，右表就是一个具有 HEAP 结构的主表。从左表中读取一条数据之后，剩下的操作与式(4-21)中内容很相似。因此，这里我们只需要考虑到左表的元组数 $LPredCount$ 就可以。假设右表（包括空间扩展表）的磁盘块数为 $RBLOCK$，无论右表有没有选择约束，右表的所有数据都要读取，故其 I/O 代价可用式(4-27)估算。

$$RJoinCost\_IO = LPredCount \times RBLOCK \qquad (4\text{-}27)$$

CPU 代价的估算相对复杂些。它主要包括连接操作消耗的 CPU 代价和右表在选择约束条件下的 CPU 代价。假设变量 α 是右表空间选择存在的标识，即存在时值为 1，否则为 0；则 CPU 的总体代价如式(4-28)所示。

$$RJoinCost\_CPU = \alpha \times RDSCost\_CPU + RJoinCost \qquad (4\text{-}28)$$

假设右表的元组数为 $RPrimTupleCount$，右表选择约束后的元组数为 $SRPred\text{-}Count$，且几何对象的平均点数为 $RSDPCount$，则其中右表选择约束的 CPU 代价与式(4-26)类似，可用式(4-29)估算。

$$RDSCost\_CPU = RPrimTupleCount \times (RSDPCount + 4) \times \log(RSDPCount + 4)$$
$$+ SRPredCount \times (RSDPCount + QDPCount) \times \log(RSDPCount + QDPCount)$$
$$(4\text{-}29)$$

假设左表几何对象的平均点数为 $LSDPCount$，连接消耗的 CPU 见式(4-30)。其中，$LTupleCount$ 为左子树输出的元组数；$SRPredCount$ 为右表经选择约束或不经选择约束后的元组数。在笛卡儿连接中，仍然会有全部数据的粗过滤操作和部分数据(假设个数为 $JFinerCount$)的精细操作。$JFinerCount$ 要稍大于实际符合连接条件的元组数，但是小于左右元组数的乘积。$JFinerCount$ 的大小可以使用第 5 章的累计 AB 直方图估出。

$$RJoinCost = LTupleCount \times SRPredCount \times (LSDPCount + 4) \times \log(LSDPCount + 4)$$
$$+ JFinerCount \times (RSDPCount + LSDPCount) \times \log(RSDPCount + LSDPCount)$$
$$(4\text{-}30)$$

2. 空间 KEY 连接

空间 KEY 连接中右子树肯定是 R-树结构，故通常仅考虑左子树排序和左子树不排序两种情况。

对左子树排序的情况，我们也使用 YAO 的 I/O 估计方法。KEY 连接在这里只是涉及 Hilbert-R-树的 KEY 连接。假设 R-树的根节点可以全部放在内存中，那么索引表的部分数据将会被扫描，I/O 的代价小于全表的占用空间，如式(4-31)所示。此时的 CPU 代价如式(4-32)所示。

$$RDSCost\_IO = \sum_{j=1}^{LTupleCount} \sum_{i=1}^{h} E(SNodesCnt_{ij}, FanOut, PrimeBlockCount) \qquad (4\text{-}31)$$

$$RDSCost\_CPU = (\sum_{j=1}^{LTupleCount} \sum_{i=1}^{h} SNodesCnt_{ij})$$
$$\times (LSDPCount + 4) \times \log(LSDPCount + 4) \qquad (4\text{-}32)$$

式中，$SNodesCnt_{ij}$ 表示第 j 个数据对 i 层索引的选择个数，计算方法见 4.3.2 节的第 2 小节；参数 $FanOut$ 的计算见式(4-24)。

对左子树排序的情况，则要考虑重复率的问题。若空间对象的地址一样，则连接右子树对应的磁盘块数一定是相同的。这与属性的估计是一样的，详细见 4.2.2 节的第 2 小节。

3. 空间 TID 连接

与传统属性 TID 连接相比，空间 TID 连接增加了空间检索的精过滤步骤。空间 TID 连接的具体实现有两步：①传统的 TID 连接；②针对 TID 连接的结果做进一步的空间精匹配。因此，空间 TID 代价为上述两步代价之和，如式(4-33)、式(4-34)所示。

$$STJoinCost\_IO = RDSCost\_IO + RKJoinCost\_IO \qquad (4\text{-}33)$$

$$STJoinCost\_CPU = RDSCost\_CPU + RKJoinCost\_CPU \qquad (4\text{-}34)$$

在第一步中，由于参与空间连接的两个表均是无序的，故 I/O 代价主要考虑用 YAO 的方法解决(详见 4.2.2 的第 1 小节)。在这里不考虑数据的重复性问题，所以不考虑大重复数据因子的影响。假设左子树输出元组数为 $LPredCount$，每个桶的元组数为 $DCntPerBlock$，右子树占用的所有 Block 个数为 $RBLOCK$，所以对主表的 I/O 代价和 CPU 代价分别见式(4-35)和式(4-36)。

$$RDSCost\_IO = E(LPredCount, DCntPerBlock, RBLOCK) \qquad (4\text{-}35)$$

$$RDSCost\_CPU = LPredCount \qquad (4\text{-}36)$$

式中，$DCntPerBlock = RTupleCount/RBLOCK$；$RTupleCount$ 为右子树的元组数。

在第二步精匹配中，需要的额外 I/O 代价见式(4-37)。精匹配消耗的 CPU，与 4.3.3 的第 2 小节相似。假设需要精细操作的元组数为 $JFinerCount$，其大小可以使用累计 AB 直方图进行连接估计。当然这些精细操作的数据之前也会参与粗匹配，因此，精匹配 CPU 代价如式(4-38)所示。

$$RKJoinCost\_IO = LPredCount \times SegCountPTuple \qquad (4\text{-}37)$$

$$\begin{aligned} RKJoinCost\_CPU = &\,JFinerCount \times (RSDPCount + LSDPCount) \\ &\times \log(RSDPCount + LSDPCount) \end{aligned} \qquad (4\text{-}38)$$

4.3.4　Ingres 代价评估示例(改进后)

同样以 3.3.2 节的查询语句为例，加入上述空间代价评估机制后，Ingres 选择了图 4-4 所示的较优的查询计划。从执行顺序来看，现计划(如图 4-4 所示)将空间 KEY 连接和空间 TID 连接先于属性的 HASH 连接进行，而原计划(如图 4-3 所示)则先执行属性的 HASH 连接。从执行时间上看，现计划的执行仅需 68 秒，而原计划的执行则需 97 秒。由此，可见正确的代价评估模型有助于寻找最(较)优的空间执行计划。从代价评估结果上看，现计划的 I/O 和 CPU 代价则分别为 3821 和 6111，而原计划的 I/O 和 CPU 代价分别为 288 和 176；现计划充分考虑了空间 KEY 连接和空间 TID 连接中读取扩展表所需要的 I/O 代价，考虑了空间 TID 连接中精匹配所需的 I/O 和 CPU 代价。下面详细解读图 4-4 所示计划。

HDcommunities 和 HDbuiltups 都是空间表。图 4-4 节点②是对 HDbuiltups 主表的投影约束操作。尽管其查询语句中并不涉及投影或约束操作，由于 Ingres 支持格式转化操作，故此步是对 HDbuiltups 主表排序，尽管该排序会付出一定的代价，但其代价较小(因为只涉及主表)，而且是值得的(因为可以降低后续操作的代价)。

IIDbuiltups 主表有 3374 条记录，涉及 1689 个磁盘块，见图 4-4 结点①。在构造投影约束节点②时，数据库系统采用 Group 方式读取磁盘，即一次读取 8 个块到内存，

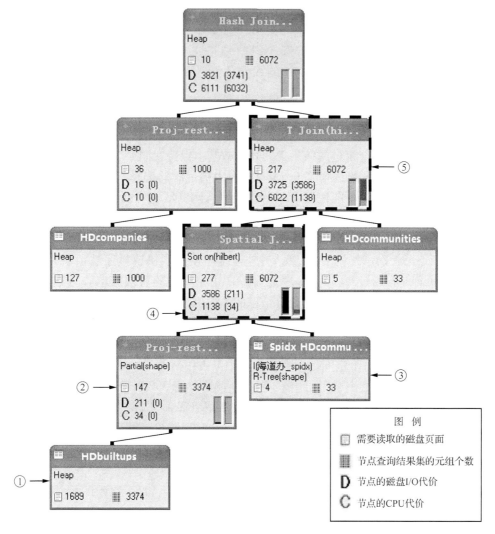

图 4-4 新的代价模型产生的计划

该操作需要 1689/8＝211 个磁盘 I/O。经过排序后，3374 条记录仅占用 147 个磁盘块，大大减少了后续的 I/O 代价。HDbuiltups 中空间数据的平均点数为 11.62 个。HDbuiltups 空间扩展表中 Segment 的长度是 2K 字节，若点坐标各个维度可用 8 个字节的浮点型数值表示，则一个 Segment 大概能容纳 125 个点；故 HDbuiltups 中的每条空间记录只占用了一个磁盘块。

在图 4-4 节点④的空间 KEY 连接中，HDcommunities 只有 33 条记录，其 R-树索引占用了 4 个磁盘块，见图 4-4 结点③。由于 33 条记录较少，其实它们共处于同一个 R-树节点中，因此 R-树索引在这里只起到了粗过滤的作用。该 R-树的节点占用了一个磁盘块，故 I/O 的代价为 1。HDcommunities 的空间索引表参与了空间 KEY 连接（R-树连接）。该查询子树的 I/O 总代价为 1＋3374＝3375，其中 3374 是提取 HDbuiltups 扩展表数据的 I/O 代价。CPU 代价是采用了 GEOS 中的 9-交模型，首先，用第 5 章的

AB 直方图估计出中间结果集的元组数为 6072.427 个，则当前节点的 CPU 代价为 $6072.427 \times (11.62 + 4) \times \log(11.62 + 4) = 110448.03$；然后，加上左右节点的代价，最终该查询子树的总体 I/O 代价为 $3375 + 211 = 3586$，CPU 代价为 $110448.03 + 3374 = 113822.03$。由于模型中 I/O 与 CPU 的权重比默认是 $1 : 100$，所以图 4-4 节点④的 CPU 代价显示为 1138 I/O 代价为 3586。

空间 TID 连接（图 4-4 节点⑤）与传统的 TID 连接不同，因为基于扩展表的空间精过滤操作需要在该节点执行。由于精过滤结果集的元组数的估计代价过高，通常情况下精过滤结果集的元组数与粗过滤结果集的元组数基本保持在同一个数量级上，故模型中我们仍用图 4-4 节点④中的选择率 6072.427 作为精过滤的选择率估计值。TID 连接应该是要考虑排序的，否则不能使用 YAO 的方法估计 I/O。这个计划中确实进行了排序，但是该表的字段太长（达到了 323）超过了排序内存的要求，因此必定需要有额外的 I/O 和 CPU 用来排序。节点④中的子计划树的结果占用磁盘块是 277 个，采用了 Group 读取，则需要 $277/8 = 34.625$ 个磁盘块。另外，排序使用了快速排序法，消耗的 I/O 是 66.254623，CPU 是 116.31949。排序之后，采用相同值的暂缓策略，可以使用 YAO 的方法进行估算，避免额外的 I/O 代价。球的个数为 33，每个桶里面的球可以容纳 6.6 个（头文件大小调整之后的使用磁盘块的大小除以每条元组的长度，就是大概 2k 大小减去部分其他字节的消耗除以 323），结果是 5。另外，HDcommunities 的空间数据的平均点个数为 34.97，及每个空间数据在扩展表只占用一个 Segment，故还需付出 33 个磁盘块的 I/O 代价付出。该查询子树的总 I/O 代价计为 $3586 + 5 + 66.254623 + 34.625 + 33 = 3724.879623$，四舍五入后为节点⑤中的结果 3725。CPU 的代价计算比较复杂，首先排序需要读取数据，则需要消耗 6072.427 的 CPU 代价；其次，连接时需要遍历左子树，同样需要 6072.427 的 CPU 代价；最后，加上精过滤的 CPU 代价为 $6072.427 \times (11.62 + 34.97) \times \log(11.62 + 34.97) = 476146.0409$[式(4-38)]；最终，该查询子树的 CPU 总代价为 $113822.03 + 6072.427 + 116.31949 + 6072.427 + 476146.0409 = 602229.24439$，除以 100 并四舍五入后为 6022。

其后，基于 HASH 的属性连接代价评估仍采用传统评估方法，详见 4.2.4 的第 2 小节。这里不再赘述。

第 5 章　空间直方图及其选择率估计

优化器是对执行计划进行数学建模、估算执行代价、选择代价最小的计划。执行代价主要包括 I/O 开销和 CPU 开销。随着计算机 CPU 处理能力的不断增强，相对来说磁盘存取的速度就显得越来越慢。磁盘访问也就成为系统性能的重要瓶颈，它占用了数据库服务器进行查询操作的绝大部分时间。因此，在代价计算中，I/O 开销占据主导地位。

I/O 开销很大程度上取决于计划中每一个操作符所要处理的元组数(徐平格，2005)。I/O 代价估计的核心参数是选择率，即估算查询结果的大小。选择率估算的准确性直接影响到代价评估的结果，最终影响查询优化器的质量(吴胜利，1998)。本章后续章节将详细阐述空间选择率估计的相关研究成果。

5.1　空间选择率估计研究

借鉴计算机领域选择率估计的研究成果，国内外学者先后提出采样法(Hass et al.，1992；Lipton et al.，1990)、分形法(Belussi et al.，1995；Faloustsos et al.，2000)、直方图法(Ioannidis et al.，1996；Kooi，1980)。

1. 采样法

采样法是较早使用的一种代价估算方法，其思想是：在原始数据集上选择一个样本，在其上进行查询得到该查询的执行代价，由此来估算在原始数据集上的查询代价。该方法在数据均匀分布的情况下可得到较理想的估算结果。但在实际应用中，空间数据的不稳定性限制了这一方法的应用(Wu，2001)。

2. 分形法

分形法是利用数据之间的自相似性概括出一定的分布规律，再根据查询条件估算查询结果集大小(选择率)，进而推演空间查询代价。Schroeder 定义了 Hausdoff 分形维 D0，Belussi 等对之进行概化得到了相关分形维 D2 并应用到不规则查询窗口的空间选择代价估算中(Belussi et al.，1995)。Faloutsos 等发现，若在两个数据集上进行空间连接操作，间距在某个距离内的对象对的数目与此距离长度的对数呈线性关系，由此快速估出整个结果集的大小(Faloustsos et al.，2000)。可见，分形法适用于点数据，难以推广到二维空间数据的应用中。

3. 索引法

商用空间数据库大多采用 R-树及其变型树作为索引结构，因此有不少基于 R-树的代价模型。该模型是基于 R-树记录的信息及其执行过程与特点，研究检索过程中 R-树结点访问次数、谓词的选择率、谓词的计算代价、I/O 代价、CPU 代价等因素，最终得到基于 R-树的查询、检索执行代价(方裕等，2001)。

有关 R-树代价评估模型的研究始于 1987 年，其研究成果相对较为成熟(方裕等，2001)。但是，索引法与具体的空间索引结构、检索算法有紧密联系，故它仅适用于采用相应索引的查询处理计划，对于无索引或采用其他索引的查询处理计划则无能为力。此外，在实际应用中空间查询语句可能很复杂，会被分解为一系列由基本空间查询处理操作组成的、层次较深的查询计划树，查询树中更高层的空间操作往往是在前一空间查询操作节点的结果集上进行；此时该空间查询结果集没有相关索引，则难以使用索引法估计这些高层空间操作节点的代价，从而限制了它在数据库内核中的推广与应用。最后，该方法对空间对象位置和大小的非均匀分布也考虑的不够(蒋苏蓉等，2004)。

4. 直方图法

直方图(histogram)是许多商用数据库系统中常用的选择率的估算方法(吴胜利，1998)。直方图基本思想是：采用某种策略将数据空间划分为数个子空间，一个记录单元对应一个子空间；再记录单元中统计落在其对应子空间内的对象的数目；用相应的计算公式对这些统计值进行计算，得到查询结果集大小的估算值。这些记录单元称为桶，桶的集合称为直方图(郭平等，2004)。由于直方图法概念直观、实现简单，是所有方法中最常用的，已在 DB2、Informix、Ingres、Sybase 等商用关系数据库系统中得到应用(吴胜利，1998)

目前属性直方图较为成熟，但是由于空间数据具有维数多、结构复杂等特性，空间直方图及其代价评估方法的研究还处于初级阶段。自 1998 年以来，先后出现了 6 种支持空间选择操作的直方图：Euler、MinSkew、SQ(Aboulnaga et al.，2000)、CD(Jin et al.，2000)、S-Euler(Sun et al.，2002)、EulerApprox(Sun et al.，2006)，1 种支持空间连接操作的直方图：GH(An et al.，2001)。沿袭属性直方图的思想，它们也采用某种策略将数据空间划分为若干子空间(桶)，记录桶及落入桶中空间对象的数目；用相应的公式对这些统计值进行推算，得到空间选择率的估算值，进而推演空间查询代价。空间直方图较好地沿袭了属性直方图的相关理论和框架，基于已有的属性直方图的实现框架和机制，可以较好地与数据库内核集成，形成空间/属性一体化的代价评估模型框架，从而促进它在数据库内核中的实现与应用。本章重点研究基于空间直方图的选择率估计。

5. Sketch 方法

Sketch 方法是 2004 年由 Das 等提出的一种选择率估计方法。在数据流经过时，利用随机技术实时生成空间数据的多尺度草图概要(sketch)，再采用新颖的草图分割技术，不断地修正空间选择率估计值的方法(Das et al.，2004；陈秋莲等，2007)。

Sketch 方法主要适用于不能预知参与运算的空间数据集的情况，例如分布式数据流的聚集查询(陈秋莲等，2007)。但是，如果能事先了解参与运算的空间数据集，空间直方图法的计算效率更高。此外，该方法在估计中引入了一个随机变量(ξ)，故仅当参与运算的数据量较大时其选择率估计的精度才较高；反之，其选择率估计的精度不如直方图法(Das et al.，2004)。

5.2　现有空间直方图综述

空间直方图法首先充分考虑数据的空间分布特征，具有较好的数据基础；其次，它基于预存储的空间数据概略表达进行估算，而不用调用真实的空间数据，不会造成太高的系统开销；最后，它不受空间索引的影响，比索引法具有更广的适用性。下面重点介绍已有的一些空间直方图。

5.2.1　MinSkew 直方图

MinSkew 直方图是由 Acharya 等(1999)提出的，其创建过程如下：首先，直方图中只有一个桶(对应整个数据空间)；然后，按照最大程度减少空间数据倾斜(spatial skew)的原则(尽可能保证桶内空间对象的数目相对均匀)，从直方图中选出计数值最大的桶，将其对应的子空间划分成两个子空间，并把该桶分裂成两个子桶；重复这一过程，直到桶的数目达到指定的数目为止。

如何把子空间划分为更小的子空间(是二等分还是其他的划分方式)是一个复杂的问题(Sun et al.，2002)。此外，如果一个对象跨越多个直方图的桶，MinSkew 算法会对这些桶都计数，从而造成重复计数问题(Sun et al.，2002)。

5.2.2　SQ 直方图

SQ 直方图(structural quadtree histogram)是 Aboulnaga 等(2000)提出的，也称四叉树直方图。其基本思想是，根据对象的 MBR，将相似的对象划分到一个桶中；每个桶存储桶内对象的数目、对象的平均宽度和高度以及桶的边界信息；在每个桶内假设对象是均匀分布的；最后，由这些桶构成四叉树中的节点。

SQ 直方图针对多边形数据提出的；但其缺点在于：①当同一子空间的数据特征(对象大小、分布状况等)差异太大时，SQ 直方图的性能将不理想；②它允许子空间交叠，当为一个大的面域对象建立直方图时，该对象往往会出现在多个子空间中，造成重复计数问题。

5.2.3　CD 直方图及其修正估计方法

1. CD 直方图

为了避免重复计数问题，Jin 等(2000)提出了 CD(cumulative density)直方图。CD

直方图是将数据空间划分为大小相等的单元格，用 4 个子直方图表征几何对象 MBR 的 4 个角点的分布情况，子直方图的桶存储落入该桶中对应角点的数目。CD 直方图将多边形分解为点进行统计，避免了重复计数问题。

CD 直方图假设所有的对象均是用 MBR 近似表示的，建立 H_{ll}、H_{lr}、H_{ul}、H_{ur} 四个子直方图，每个直方图的大小是 N，且每个桶对应一个格网单元。H_{ll} 中的一个桶记录了落入该桶中的左下（lower left）角顶点数目；H_{lr}、H_{ul}、H_{ur} 分别表示右下（lower right）角、左上（upper left）角、右上（upper right）角顶点的数目。为了提高查询效率，所有直方图都是累积的（cumulative），即一个桶 $H(i,j)$ 存储了区域 $(0,0)$ 到 (i,j) 中顶点的数目，如图 5-1 所示。对于任意矩形查询窗口 $(x_a\ y_a,x_b\ y_b)$，与其相交的元组数可以按式（5-1）计算。例如，与图 5-1 查询窗口相交的对象数目是 $H_{ll}(x_b,y_b)-H_{lr}(x_a-1,y_b)-H_{ul}(x_b,y_a-1)+H_{ur}(x_a-1,y_a-1)=3-0-1+0=2$。

$$N = H_{ll}(x_b,y_b)-H_{lr}(x_a-1,y_b)-H_{ul}(x_b,y_a-1)+H_{ur}(x_a-1,y_a-1) \quad (5-1)$$

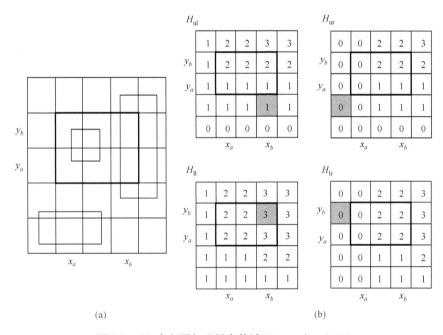

图 5-1　CD 直方图与选择率估计（Jin et al.，2000）

CD 算法能精确的返回与查询窗口相交的对象数目，而且其估算时间不足真正执行查询时间的 1%。但是由于需要为每个格网存储 4 个变量，故需要一定的存储空间，此外，还需要一些时间来计算累积信息（cumulative information）。

2. CD 直方图的修正估计法

程昌秀等（2010）发现，上述算法仅针对查询窗口边界与直方图格网线重合的情况，在实际应用中查询窗口边界往往不与直方图格网线重合，此时如何更好地估算其选择率有待进一步研究。程昌秀等在 CD 直方图基础上，提出了一种精确的基于窗口查询的空间选择率估算方法。该方法从 CD 直方图的原理入手，确定了影响空间点 (x, y) 直方图估计值的相关格网，并对其中数量确定的部分直接引用，对于数量不确定的部分则充分利用格网提供的信息进行了修正，从而可以较为精确地计算出空间点 (x, y) 的直方图估计值，即 CD 直方图修正估计法。

该方法没有增加额外反映空间数据分布信息的存储空间，而是充分利用 CD 直方图的原理，通过公式反算出每个格网内点的分布情况，再根据格网内点密度的情况和格网内虚线区域所占面积与格网面积之比估计格网内虚线区域的点个数，从而保证了格网非累计修正值的估算精度，为提高空间点 (x, y) 的直方图估计值、查询选择率估计值的准确性奠定了基础。

精确的基于 CD 直方图的选择率估算方法在不加额外假设条件和存储容量情况下，能精确地估计任意空间区域的查询选择率，此方法不仅能较好地反映零星空间数据的分布特征，也能较好地反映多边形的分布特征，故有较好的普适性。

5.2.4　Euler 直方图及其扩展

1. Euler 直方图

为了解决重复计数问题，Beigel 等于 1998 年提出了基于欧拉原理的直方图，即 Euler 直方图。传统的方法只为格网分配桶，而欧拉直方图不仅将格网内部（grid cell）视为桶，也将格网的边（edge）和顶点（vertex）视为桶。

在二维空间中，欧拉直方图（Euler histogram）的创建过程如下。首先，将整个数据空间分为 $n_1 \times n_2$ 个相等的格网，直方图 H 就是建立在 $n_1 \times n_2$ 格网上的；再在 $n_1 \times n_2$ 格网上建立欧拉直方图，需要用 $(2n_1 - 1) \times (2n_2 - 1)$ 个桶来保存信息，它与格网的面、线、点对应：如果一个对象与格网面相交，则这些面对应的桶中数值加 1；如果一个对象包含格网点，则这些格网点对应桶中的数值加 1；如果一个对象的边经过格网的线，则这些格网线对应桶中的数值加 1。例如，图 5-2(a) 中的一个拥有 3 个矩形对象空间数据集的 Euler 直方图如图 5-2(a) 所示。

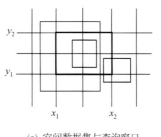
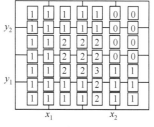

(a) 空间数据集与查询窗口　　　　　　　(b) 空间数据的 Euler 直方图

图 5-2　Euler 直方图示例（Sun et al.，2002）

根据图论中的欧拉公式，对于一个选择窗口 S，它的选择率可以用式（5-2）进行计算。故该直方图被称为欧拉直方图，也有人称之为 BT 算法。以图 5-2 为例，其位于

$(x_1\ x_2, y_1\ y_2)$的选择窗口 S 选中的对象数目为：$(-1)^0\times 2+(-1)^1\times(2+2+2+2)+$ $(-1)^2\times(2+2+2+3)=3$，恰好与图中选中的数目相等（注意：只计算选择窗口 S 内的）。

$$N(S)=\sum_{0\leqslant K\leqslant d}(-1)^kF_k(S)\qquad\qquad(5\text{-}2)$$

式中，$F_k(S)$表示 S 内的 k 维对象的个数，如 0 维是点，1 维是线，2 维是面或多边形。

2. S-EulerApprox 和 EulerApprox

CD 直方图和 Euler 直方图只能为相离（disjoint）和非相离（non-disjoint）拓扑关系提供精确的解决方法，不能分辨更精细的拓扑关系（图 2-19 中第二、第三层次的拓扑关系）的选择率估计。例如，图 5-3(a)示出两种不同的空间分布，上图中与灰色查询窗口区域满足包含、交叠关系的 MBR 数目都是 1，下图中与灰色查询窗口区域满足包含、交叠关系的 MBR 数目分别是 0 和 2；但是这两种情况的 CD 和 Euler 直方图却相同，如图 5-3(b)和(c)所示。

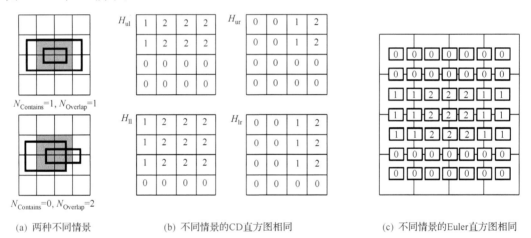

(a) 两种不同情景　　　　　　(b) 不同情景的CD直方图相同　　　　　　(c) 不同情景的Euler直方图相同

图 5-3　两种不同情景具有相同的 CD 和 Euler 直方图（Sun et al.，2002）

在欧拉直方图基础上，Sun 等（2002）对查询窗口 Q 和数据集 S 中的对象间的关系相离（ST_Disjoint）、交叠（ST_Overlaps）、包含（ST_Contains）和包含于（ST_Within）做了研究，先后提出了 S-EulerApprox 和 EulerApprox。在近似算法中，均假设满足 ST_Equals关系的数目为 0，即认为查询窗口与空间对象的 MBR 间不存在相等关系。在实际应用中，查询窗口与空间对象的 MBR 存在相等（ST_Equals）的概率很小，故该假设基本合理的。

在 S-EulerApprox 算法中，它还假设满足 ST_Contains 关系的空间对象数目为 0，即认为查询窗口足够大，不存在比它还大的空间对象；故 S-EulerApprox 的准确度与包含查询窗口的空间对象数和穿越查询窗口的空间对象数有关。当数据集中较小的空间对象占大多数时，该算法精度较高。但当数据集中有大量的较大空间对象，或者查询窗口相当小时，S-EulerApprox 算法的假设就不再有效，即被包含关系的空间对象数目不再为 0。于是就设计了 EulerApprox 算法。但是 EulerApprox 在计算空间估算空间对象的内部与查询窗口外部相交的空间对象数目中，当查询窗口较大时，忽略了大量与查询窗口左边相交的小对象，导致误差较大。

3. 闭 Euler 直方图

陈海珠(2005)指出，当空间对象的边界与查询窗口分割线部分重合时，用欧拉公式计算也会出现统计错误，即欧拉直方图的边界问题。产生错误的原因是：欧拉直方图对格网顶点、格网边和格网单元分别计数，由于格网单元不包含边界、边不包含端点，因此在对格网单元和格网边对应的桶计数时这些桶是开的。为避免该问题，陈海珠等提出了闭欧拉直方图统计方法，即在原来欧拉直方图基础上修改空间对象边界与查询窗口分割线部分重合时相应桶的统计方法，将格网单元和格网边对应的桶视为闭的。

5.2.5　PH 直 方 图

CD、Euler 直方图在进行空间连接操作的选择率估计时，常常将一个数据集作为基本数据，另一个作为查询窗口。这样，空间连接操作的结果集的元组数就是所有查询窗口选择率估计值的总和。若作为查询窗口的数据集的数据量不大，系统计算空间连接选择率的估计开销还可忍受；若其数据量较大，则这种开销不可忽视。

Walid 等提出的 PH(parametric histogram)算法(Aref et al.，1994)。PH 直方图的基本思想是：将数据 DS_k 所在的空间进行均匀的格网划分，对于每个格网单元 $cell(i,j)$，记录 $Cont_k(i,j)$ 和 $Isect_k(i,j)$ 两个值，其中，$Cont_k(i,j)$ 是数据集 k 中空间对象 MBR 位于 $cell(i,j)$ 内的数目；$Isect_k(i,j)$ 是数据集 k 中空间对象 MBR 与 $cell(i,j)$ 相交的数目。对于任意两数据集 DS_1 和 DS_2，每个格网单元 $cell(i,j)$ 的选择率估计有四种情况：① $Cont_1$ 和 $Cont_2$ 相交；② $Cont_1$ 和 $Isect_2$ 相交；③ $Cont_2$ 和 $Isect_1$ 相交；④ $Isect_1$ 和 $Isect_2$ 相交。对于上述的四种情况(S_a, S_b, S_c, S_d)，可根据式(5-3)到式(5-6)计算选择率。

$$S_a(i,j) = Num_1(i,j) \times Cov_2(i,j) + Num_2(i,j) \times Cov_1(i,j) + Num_1(i,j)$$
$$\times Num_2(i,j) \times \frac{Xavg_1(i,j) \times Yavg_2(i,j) + Yavg_1(i,j) \times Xavg_2(i,j)}{Areacell}$$

$$(5-3)$$

$$S_b(i,j) = Num_1(i,j) \times Cov_2'(i,j) + Num_2'(i,j) \times Cov_1(i,j) + Num_1(i,j)$$
$$\times Num_2'(i,j) \times \frac{Xavg_1(i,j) \times Yavg_2'(i,j) + Yavg_1(i,j) \times Xavg_2'(i,j)}{Areacell}$$

$$(5-4)$$

$$S_c(i,j) = Num_1'(i,j) \times Cov_2(i,j) + Num_2(i,j) \times Cov_1'(i,j) + Num_1'(i,j)$$
$$\times Num_2(i,j) \times \frac{Xavg_1'(i,j) \times Yavg_2(i,j) + Yavg_1'(i,j) \times Xavg_2(i,j)}{Areacell}$$

$$(5-5)$$

$$S_d(i,j) = Num'_1(i,j) \times Cov'_2(i,j) + Num'_2(i,j) \times Cov'_1(i,j) + Num'_1(i,j)$$
$$\times Num'_2(i,j) \times \frac{Xavg'_1(i,j) \times Yavg'_2(i,j) + Yavg'_1(i,j) \times Xavg'_2(i,j)}{Areacell}$$

(5-6)

其中，$Areacell$ 是一个 $cell$ 的面积，$Num_k(i,j)$ 是数据集 k 中空间对象 MBR 位于 $cell(i,j)$ 中的数目［即 $Cont_k(i,j)$］，$Cov_k(i,j)$ 是 $Cont_k(i,j)$ 中 MBR 面积的总和与 $Areacell$ 的比率；$Xavg_k$ 是 $Cont_k(i,j)$ 中 MBR 的平均宽度；$Yavg_k$ 是 $Cont_k(i,j)$ 中 MBR 的平均高度；$Num'_k(i,j)$ 数据集 k 中空间对象 MBR 与 $cell(i,j)$ 相交的数目［即 $Isect_k(i,j)$］；$Cov'_k(i,j)$ 是 $Isect_k(i,j)$ 中 MBR 与 $cell(i,j)$ 相交面积的总和与 $Areacell$ 的比率；$Xavg'_k(i,j)$ 是 $Isect_k(i,j)$ 中 MBR 与 $cell(i,j)$ 相交的平均宽度；$Yavg'_k(i,j)$ 是 $Isect_k(i,j)$ 中 MBR 与 $cell(i,j)$ 相交的平均高度。

在以上四种情况的基础上，Walid 等用式(5-7)来估计空间连接操作的选择率(这里首次提到了空间查询的另一个更复杂的重要操作)。由于上述四种情况中，只有 $S_d(i,j)$ 可能引起重复计数问题。为了对重复计数进行修正，可以将 $S_d(i,j)$ 除以 $AvgSpan_1$ 和 $AvgSpan_2$ 的平均值；但这只能起到近似的作用。

$$S = \sum S_a(i,j) + \sum S_b(i,j) + \sum S_c(i,j) + \sum S_d(i,j) \Big/ ((AvgSpan_1 + AvgSpan_2)/2)$$

(5-7)

式中，$AvgSpan_k$ 是数据集 k 中空间对象 MBR 跨越格网单元(cell)边界的平均格网单元数。

这些公式背后的基本思想是将跨越多个格网单元的 MBR 分解为更小的 MBR，然后在适当的单元格内处理这些 MBR。尽管该算法的时间和空间开销很小(几乎可以忽略不计)，但保证其估计精度的前提是：数据在整个空间范围内是均匀分布的。一旦背离了这一假设，该估计将会带来很大的误差。

5.2.6　GH 直方图

GH(geometric histogram)直方图是另一种支持空间连接选择率估计的直方图。An 等(2001)年发现，当两个矩形相交时，它们的相交区域仍然是个矩形，具有四个角点(也称之为相交点)。每个相交点可能是以下两种情况中的一种：①一个 MBR 的角点落入另一个 MBR(图 5-4 中，案例 1—案例 4 都有两个这样的点；同理，案例 7—案例 10 有两个点；案例 11—案例 12 有四个点)；②一个 MBR 的水平线与另一个 MBR 的垂直线相交(图 5-4 中，案例 1—案例 4 均有两个这样的点；案例 5—案例 6 有四个点；案例 7—案例 10 有两个点)。如果能精确的估计两个数据集间有多少个相交点，然后除以 4 就可以得到空间连接的选择率。于是 An 等(2001)提出了一种新的方法——GH 直方图。

GH 建立直方图文件(histogram file)的方法同 PH。对每个格网单元 cell(i, j)，我们需

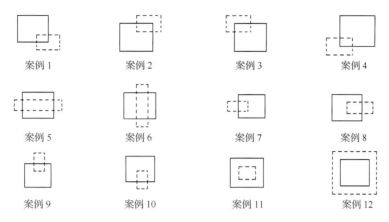

图 5-4 两个矩形相交的情况（An et al.，2001）

要记录以下信息：①$V_k(i,j)$表示有多少条 MBRs 的垂直边通过 cell(i,j)；②$H_k(i,j)$表示有多少条 MBRs 的水平边通过 cell(i,j)；③$I_k(i,j)$表示有多少个 MBRs 与 cell(i,j)相交；④$C_k(i,j)$表示有多少个 MBRs 的角点落入 cell(i,j)。这样，两个数据集 a 和 b 相交点的数目可以用式(5-8)估计，其中，前两项是计算两个 MBR 的边彼此相交的相交点；后两项是计算一个 MBR 的角点落入另一个 MBR 中的相交点。

$$N_{ab} = \sum \big[C_a(i,j) \times I_b(i,j) + I_a(i,j) \times C_b(i,j) + V_a(i,j) \times H_b(i,j) \\ + H_a(i,j) \times V_b(i,j) \big] \tag{5-8}$$

例如，在图 5-5 中，利用 GH 直方图提供的公式来计算 a 和 b 的相交点结果为 4，再除以 4 便得到空间连接的选择率为 1。GH 作者研究发现，GH 比 PH 具有较高的选择率估计精度。

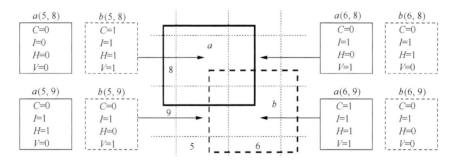

图 5-5 GH 直方图示例（An et al.，2001）

5.2.7 PostGIS 直方图

据目前有关资料显示，只有开源数据库 PostGIS 中实现了空间直方图，但其他数据库中尚未实现基于空间直方图的选择率估计。PostGIS 直方图(PostGIS-1.3.5 版本，源码可参见\postgis-1.3.5\lwgeom\lwgeom_estimate.c)是用一张二维空间直方图粗略统计落入格子的空间对象 MBR 的个数。对于图中的每一个空间对象，其具体创建步骤为，读取空间对象的 MBR，若对象 MBR 与格子相交的面积大于格子面积的 5%，则将此格子的计数器加 1。

在选择率估计时，首先确定查询区域在空间直方图上所覆盖的格子范围，再依次求出该查询区域覆盖各格子面积的百分比，最后，利用各格子所覆盖面积的百分比乘以各格子的统计值（即计数值），并求和得到查询区域的选择率估计。可见，PostGIS 的直方图也是存在严重的重复计数问题，故估计准确率很差。经实验发现，其选择率估计误差通常都在正的 15% 以上。

5.2.8　小　　结

上述空间直方图都是用空间对象的 MBR 近似代替空间对象。这种近似在空间数据库的代价评估中是合理的。空间选择率是空间 I/O 代价评估模型的重要参数，而由于空间数据存储量大、结构过于复杂，在 I/O 读取前都需要经历粗过滤步骤，即读出空间对象 MBR 满足拓扑关系的元组，故基于 MBR 估计出的选择率正与数据库需要读取的元组数一致。因此，这种代替不是近似地估计 I/O，而是使 I/O 评估更为准确。

目前，经典的 CD 直方图和欧拉直方图可以进行较为精确的选择率估计（程昌秀，2012），但是它们只能进行相交和相离操作的选择率估计。拓展的欧拉直方图、PH 以及 GH 直方图可以近似估计空间拓扑关系的选择率，而且 PH 和 GH 直方图还可以估计空间连接操作，但是模型的健壮性很差，只能对符合某些规律的数据有较高的估计准确率。最初，空间直方图的研究重点在于减少数据的重复选择和错误选择，CD 直方图和欧拉直方图可以很好地解决这个问题。后来研究重点转移到精细空间选择操作和空间连接操作上。虽然学者针对该问题提出了算法解决思路，但是健壮性都很差，而且方案仅仅局限于二维空间的拓扑关系，而且对于空间方位关系和度量关系均尚未提及。随着 GIS 技术的发展，相信这些问题不久将成为直方图领域的研究重点。开源 Ingres 没有空间直方图选择率的估计机制，因此它只能采用默认值的方法，比如将空间选择率固定为 1，显然这样势必造成空间选择率估计的不准确，空间估计的代价也就没有意义，查询优化几乎达不到优化计划的目的。本章将在 Ingres 中实现我们提出的 AB 直方图，解决前面提出的空间选择与连接率健壮性差、空间操作简单以及只能适用于二维空间数据的问题。

总之，目前空间直方图还有下述核心基础科学问题尚未突破。①现有空间直方图仅能较好地支持图 2-19 中第 1 个层次拓扑谓词的选择操作的选择率估计，但对于更精细拓扑谓词、其他空间谓词（方位、度量）以及复合空间谓词（由多个空间谓词复合而成）的选择率估计的研究尚不充分。②与空间选择相比，空间连接选择率估计的研究更不成熟，PH 直方图也仅能实现第 1 个层次拓扑谓词的连接选择率估计。③目前，有关查询结果集直方图的快速生成（转换）方法的研究也极为少见；但是该研究是推动空间直方图进入实用阶段的一个重要力量。因为快速生成（转换）查询结果集的空间直方图对更高层空间操作节点的选择率估计有重要意义。

5.3　累计 AB 直方图的相关概念及核心操作

5.3.1　AB 直方图

CD 直方图和 Euler 直方图能较好地解决重复计数问题，但难以解决精细拓扑谓词选择率估计、空间直方图推演等问题。我们认为，CD 直方图和 Euler 直方图是将空间对象转换为点来统计和存储，从而打破了空间对象的完整性，导致难以根据空间直方图推出空间对象的分布状态，因此难以进行更精确的计算和推理。例如，图 5-3(a)所示的两种不同的空间分布情景对应 CD 直方图[图 5-3(b)]和 Euler 直方图[图 5-3(c)]却相同。我们可以很容易地将空间对象打破为点，转换为相应的直方图；但是从打破空间完整性的直方图中，就难以分辨空间对象的分布情景，从而给精细拓扑谓词选择率估计、空间直方图推演带来了困难。

针对上述理解，我们提出了 AB 直方图(anular bucket histogram)。AB 直方图保持了空间对象 MBR 的整体性，使得空间推理相对容易。与其他空间直方图类似，AB 直方图也是将数据空间划分为等大小的格网，也是用空间对象的 MBR 代替空间对象本身。不同之处在于，我们不是简单地将一个个格网视为桶，而是将格网组成的环形区域视为桶，统计落入环形桶内的 MBR 的个数。以图 5-6(a)为例，图中 8 个空间对象的 MBR 分别落入到环形桶 A、B、C、D 中，其 AB 直方图如图 5-6(b)所示。直方图中的每个"桶"都记录了环形区域左下格网和右上格网的空间坐标，根据这些坐标信息和环形桶内几何对象均匀分布的假设，不难推理出 8 个对象的空间分布状态，也不难推理出几何对象与查询窗口满足不同拓扑关系的查询选择框。虽然推演出的空间分布状态与实际的空间分布可能仍存在细微差距，但是已经十分接近原始的空间分布。

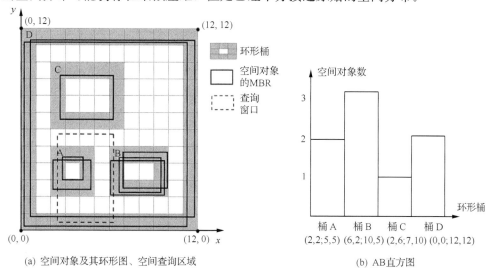

(a) 空间对象及其环形图、空间查询区域　　　　　　　(b) AB 直方图

图 5-6　空间数据样例及其 AB 直方图(Cheng et al.，2013)

　　AB 直方图将空间对象视为一个整体记录其位置的分布状态，因此，也可用于空间位置关系和方位关系的选择率估计中，也能扩展到三维空间查询的应用中。

5.3.2　累计 AB 直方图

　　由于环形桶的形状较为复杂，在实际应用中环形桶的数量可能比较多。如果每次选择率估计都要挨个找出相关的桶，并推算出选择率，会耗费大量的时间。为了提高选择率的估算速度，我们提出累计 AB 直方图。累计 AB 直方图无需遍历各个桶，仅根据累计稀疏矩形中的数值简单加减便可得到选择率估计值，其计算复杂度与 AB 直方图内桶的个数无关，时间复杂度是 $O(1)$。

　　在 M 行、N 列的格网划分下，累计 AB 直方图是一个 $M \times N$ 行、$M \times N$ 列的稀疏矩阵，矩阵中的每个行号、列号都对应整体空间中的一个格网。这种映射可以通过将二维空间转换为一维空间编码实现。为了便于描述，我们将这个编码映射函数定义为 $M(i, j)$，其中，i 为行号，j 为列号，函数输出为格网的一维编码。以图 5-7 为例，我们将 $M(i, j)$ 定义为 $i \times M + j$，i、j 从 0 开始计数，则其格网编码见图 5-7 的格网中 0 到 35 标号所示。累计 AB 直方图中每个桶的值（$H[M(i_a, j_a), M(i_b, j_b)]$）表示 MBR 的左下角(LL)点落入 $(0, 0)$ 到 (i_a, j_a) 矩形区域、且右上角(UR)点落入 $(0, 0)$ 到 (i_b, j_b) 矩形区域的对象数目。图 5-8 是图 5-7 中示例的累计 AB 直方图。

　　图 5-8 中累计 AB 直方图阴影格子 $H[20, 33] = H[M(3, 2), M(5, 3)] = 4$ 表示 MBR 的 LL 点落入从 $(0, 0)$ 到 $(3, 2)$ 的区域【如图 5-9 中正斜杠(/)填充的区域所示】、且 UR 点落入从 $(0, 0)$ 到 $(5, 3)$ 区域【如图 5-9 中反斜杠(\\)填充的区域】的空间对象共有 4 个，即图 5-9 中点划线所示的对象。在后续示意图中，LL 点落入的区域均用正斜杠(/)填充、UR 点落入的区域均用反斜杠(\\)填充。

　　从图 5-8 可知，累计 AB 直方图具有如下几个特点：①在 $M \times N$ 的格网空间中，累计 AB 直方图的稀疏矩阵大小为 $M \times N$ 行、$M \times N$ 列。②矩阵为斜上三角阵，在斜上方的每个 $M \times N$ 的小矩阵中，也为斜上三角阵。这是因为 MBR 的左下角点不会出现在右上角点的右上方，因此，上述矩阵中斜下方的值均为 0。③累计直方图每个小三角阵的右下方单元格的数值一定不小于左上方单元格的数值。

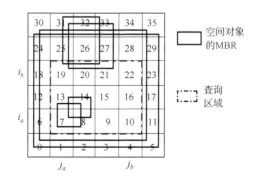

图 5-7　空间数据与格网编码示例(Cheng et al.，2013)

	0	1	2	3	4	5	6	7	8	9	10	11	12	13	14	15	16	17	18	19	20	21	22	23	24	25	26	27	28	29	30	31	32	33	34	35
0	0	0	0	0	0	0	0	0	0	0	0	0	0	0	0	0	0	0	0	0	0	0	0	0	0	0	0	0	0	0	0	0	0	0	0	2
1		0	0	0	0	0		0	0	0	0	0		0	0	0	0	0		0	0	0	0	0		0	0	0	0	0		0	0	0	0	2
2			0	0	0	0			0	0	0	0			0	0	0	0			0	0	0	0			0	0	0	0			0	0	0	2
3				0	0	0				0	0	0				0	0	0				0	0	0				0	0	0				0	0	2
4					0	0					0	0					0	0					0	0					0	0					0	2
5						0						0						0						0						0						2
6							0	0	0	0	0	0	0	0	0	0	0	0	0	0	0	0	0	0	0	0	0	0	0	0	0	0	0	0	0	2
7								0	0	0	0	0		0	2	2	2	2		0	2	2	2	2		0	2	2	2	2		0	2	2	2	4
8									0	0	0	0			2	2	2	2			2	2	2	2			2	2	2	2			2	2	2	4
9										0	0	0				2	2	2				2	2	2				2	2	2				2	2	4
10											0	0					2	2					2	2					2	2					2	4
11												0						2						2						2						4
12													0	0	0	0	0	0	0	0	0	0	0	0	0	0	0	0	0	0	0	0	0	0	0	2
13														0	2	2	2	2		0	2	2	2	2		0	2	2	2	2		0	2	2	2	4
14															2	2	2	2			2	2	2	2			2	2	2	2			2	2	2	4
15																2	2	2				2	2	2				2	2	2				2	2	4
16																	2	2					2	2					2	2					2	4
17																		2						2						2						4
18																			0	0	0	0	0	0	0	0	0	0	0	0	0	0	0	0	0	2
19																				0	2	2	2	2		0	2	2	2	2		0	2	4	4	4
20																					2	2	2	2			2	2	2	2			2	4	4	6
21																						2	2	2				2	2	2				4	4	6
22																							2	2					2	2					4	6
23																								2						2						6
24																									0	0	0	0	0	0	0	0	0	0	0	2
25																										0	2	2	2	2		0	2	4	4	4
26																											2	2	2	2			2	4	4	6
27																												2	2	2				4	4	6
28																													2	2					4	6
29																														2						6
30																															0	0	0	0	0	2
31																																0	2	4	4	4
32																																	2	4	4	6
33																																		4	4	6
34																																			4	6
35																																				6

图 5-8　累计 AB 直方图(Cheng et al.，2013)

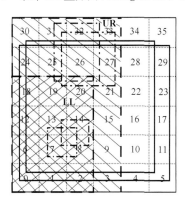

图 5-9　$H[20,33]$ 值的含义

5.3.3　核心操作函数

在介绍选择率估计和直方图推演之前，首先介绍几个常用的基于 AB 直方图、累计 AB 直方图的基础操作函数。若在 M 行、N 列的格网划分下，AB 直方图(abH)、半累计 AB 直方图(semiH，后续章节将进一步介绍)和累计 AB 直方图(H)均用 $M \times N$ 行、

$M \times N$ 列的矩阵表示，则这些矩阵间的转换涉及如下基础操作。

1. 操作 1：生成 AB 直方图（Genab$H$）

AB 直方图看似复杂，但是其创建过程比较简单。首先，初始化 ab$H$，将各自 $M \times N$ 行、$M \times N$ 列矩阵内单元的值赋为 0；然后，遍历空间对象，找到其 MBR 的 LL、UR 点格网坐标，再根据既定编码映射函数（M），以左下作为行号、右上作为列号，找到对应的单元格，将其对应单元的值加 1。以如图 5-10(a)为例，经历上述操作后，其 AB 直方图如图 5-10(b)所示。图中 ab$H[M(i_a, j_a), M(i_b, j_b)]$ 表示 MBR 的 LL 点落入 (i_a, j_a) 格内、且 UR 点落入 (i_b, j_b) 格内的对象数目，如图 5-11(a)所示。

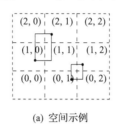

(a) 空间示例

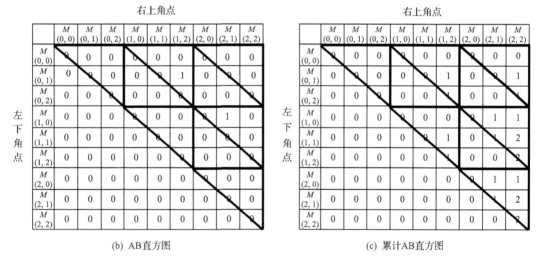

(b) AB直方图　　　　　　　　　　　　(c) 累计AB直方图

图 5-10　空间数据与其 AB 直方图、累计 AB 直方图

2. 操作 2：将 AB 直方图转换为累计 AB 直方图（abH2H）

在介绍该操作前，首先介绍半累计 AB 直方图（semi$H$）概念。semi$H[M(i_a, j_a), M(i_b, j_b)]$ 表示 MBR 的 LL 点落入从 $(0, 0)$ 到 (i_a, j_a) 区域、且 UR 点落入 (i_b, j_b) 格内的对象数目如图 5-11(b)所示；而 $H[M(i_a, j_a), M(i_b, j_b)]$ 表示 MBR 的左上角（LL）点落入 $(0, 0)$ 到 (i_a, j_a) 矩形区域、且右上角（UR）点落入 $(0, 0)$ 到 (i_b, j_b) 矩形区域的对象数目，如图 5-11(c)所示。

AB 直方图（ab$H$）到累计 AB 直方图（H）转换需要借助 semi$H$ 作为中间跳板。具体步骤如下。

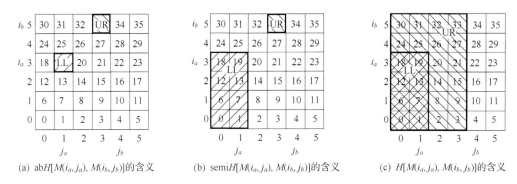

(a) ab$H[M(i_a, j_a), M(i_b, j_b)]$的含义　　(b) semi$H[M(i_a, j_a), M(i_b, j_b)]$的含义　　(c) $H[M(i_a, j_a), M(i_b, j_b)]$的含义

图 5-11　AB 直方图、半累计 AB 直方图、累计 AB 直方图单元格含义的示意图

（1）将 AB 直方图转换为半累计 AB 直方图

ab$H$ 到 semi$H$ 的转换需要借助式(5-9)的原理递推实现。

$$
\begin{aligned}
\text{semi}H[M(i_a, j_a), M(i_b, j_b)] = {}&\text{semi}H[M(i_a - 1, j_a), M(i_b, j_b)] + \text{semi}H[M(i_a, j_a - 1), \\
&M(i_b, j_b)] + \text{ab}H[M(i_a, j_a), M(i_b, j_b)] - \text{semi}H[M(i_a - 1, j_a - 1), M(i_b, j_b)]
\end{aligned}
$$

$$(5\text{-}9)$$

式(5-9)的含义如下图 5-12 所示。图 5-12(a)所示的 semi$H[M(i_a, j_a), M(i_b, j_b)]$值等于 LL 点起于图 5-12(b)中正斜杠填充区域且 UR 点止于图 5-12(b)中反斜杠区域的空间对象数，加上 LL 点起于图 5-12(c)中正斜杠填充区域且 UR 点止于图 5-12(c)中反斜杠区域的空间对象数，加上 LL 点起于图 5-12(d)中正斜杠填充区域且 UR 点

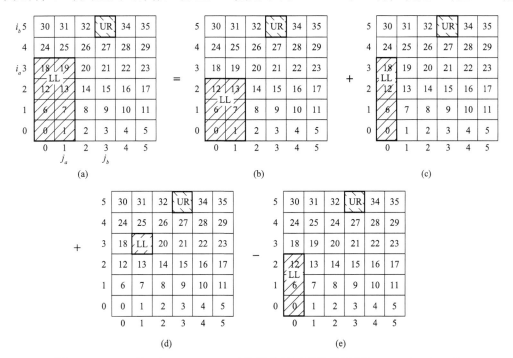

图 5-12　semi$H[M(i_a, j_a), M(i_b, j_b)]$的推导过程示意图(Cheng et al., 2013)

止于图 5-12(d)中反斜杠区域的空间对象数，再减去 LL 点起于图 5-12(e)中正斜杠填充区域且 UR 点止于图 5-12(e)中反斜杠区域的空间对象数(因为在前两次"+"操作中，该类空间对象被算了两遍)。

在式(5-9)中，当直方图单元格的下标小于 0 时，其值视为 0 或忽略不计(注意：式(5-10)到式(5-13)也遵循该规则)，故在实际运算中式(5-9)存在如下几种变型。

① 当 $i_a=0$、$j_a=0$ 时，$semiH[M(i_a,j_a),M(i_b,j_b)]=abH[M(0,0),M(i_b,j_b)]$。即 $semiH$ 的第 1 行等于 abH 的第 1 行，已确定的 $semiH$ 中的值用斜体表示，如图 5-13(a)的第 1 行所示。

② 当 $i_a=0$、$j_a>0$ 时，$semiH[M(0,j_a),M(i_b,j_b)]=semiH[M(0,j_a-1),M(i_b,j_b)]+abH[M(0,j_a),M(i_b,j_b)]$。即对于 $semiH$ 中第一排斜三角阵的后续行，各单元的值等于 $semiH$ 中上一行对列上的值加 abH 中对应位置的单元值。例如，对于第 2 行中的 $semiH[M(0,1),M(0,1)]=semiH[M(0,0),M(0,1)]+abH[M(0,1),M(0,1)]$；对于第 3 行中的 $semiH[M(0,2),M(0,1)]=semiH[M(0,1),M(0,1)]+abH[M(0,2),M(0,1)]$。$semiH$ 前 3 行的值，如图 5-13(b)的斜体所示。

③ 当 $i_a>0$、$j_a=0$ 时，$semiH[M(i_a,0),M(i_b,j_b)]=semiH[M(i_a-1,0),M(i_b,j_b)]+abH[M(i_a,0),M(i_b,j_b)]$。即对于 $semiH$ 下两排的斜三角阵中的第一行，各单元的值等于 $semiH$ 中上一排斜三角阵第一行对应位置的单元值加 abH 中对应位置的单元值。例如，对于第 4 行中的 $semiH[M(1,0),M(1,0)]=semiH[M(0,0),M(1,0)]+abH[M(1,0),M(1,0)]$。经此步后，$semiH$ 前值如图 5-13(c)的斜体所示。

④ 当 $i_a>0$、$j_a>0$ 时，$semiH[M(i_a,j_a),M(i_b,j_b)]=semiH[M(i_a-1,j_a),M(i_b,j_b)]+semiH[M(i_a,j_a-1),M(i_b,j_b)]+abH[M(i_a,j_a),M(i_b,j_b)]-semiH[M(i_a-1,j_a-1),M(i_b,j_b)]$。即对于 $semiH$ 后两排斜三角阵的非第一行，各单元值等于 $semiH$ 中上一排斜三角阵中对应位置的单元值加 $semiH$ 中本行三角阵中前一行对应列位置的单元值，再加 abH 中对应位置的单元值，最后减去 $semiH$ 中上一排斜三角阵中对应位置的前一排单元值。对于第 5 行的 $semiH[M(1,1),M(1,1)]=semiH[M(0,1),M(1,1)]+semiH[M(1,0),M(1,1)]+abH[M(1,1),M(1,1)]-semiH[M(0,0),M(1,1)]$。经上述运算后，$semiH$ 的最终值如图 5-13(d)所示。

		$M(0,0)$	$M(0,1)$	$M(0,2)$	$M(1,0)$	$M(1,1)$	$M(1,2)$	$M(2,0)$	$M(2,1)$	$M(2,2)$
1行	$M(0,0)$	*0*	*0*	*0*	*0*	*0*	*0*	*0*	*0*	*0*
2行	$M(0,1)$	0	*0*	0	0	*0*	1	0	*0*	0
3行	$M(0,2)$	0	0	*0*	0	0	*0*	0	0	*0*
4行	$M(1,0)$	0	0	0	*0*	0	0	*0*	1	0
5行	$M(1,1)$	0	0	0	0	*0*	0	0	*0*	0
6行	$M(1,2)$	0	0	0	0	0	*0*	0	0	*0*
7行	$M(2,0)$	0	0	0	0	0	0	*0*	0	0
8行	$M(2,1)$	0	0	0	0	0	0	0	*0*	0
9行	$M(2,2)$	0	0	0	0	0	0	0	0	*0*

(a)

		M(0,0)	M(0,1)	M(0,2)	M(1,0)	M(1,1)	M(1,2)	M(2,0)	M(2,1)	M(2,2)
1行	M(0,0)	0	0	0	0	0	0	0	0	0
2行	M(0,1)	0	0	0	0	0	1	0	0	0
3行	M(0,2)	0	0	0	0	0	1	0	0	0
4行	M(1,0)	0	0	0	0	0	0	0	1	0
5行	M(1,1)	0	0	0	0	0	0	0	0	0
6行	M(1,2)	0	0	0	0	0	0	0	0	0
7行	M(2,0)	0	0	0	0	0	0	0	0	0
8行	M(2,1)	0	0	0	0	0	0	0	0	0
9行	M(2,2)	0	0	0	0	0	0	0	0	0

(b)

		M(0,0)	M(0,1)	M(0,2)	M(1,0)	M(1,1)	M(1,2)	M(2,0)	M(2,1)	M(2,2)
1行	M(0,0)	0	0	0	0	0	0	0	0	0
2行	M(0,1)	0	0	0	0	0	1	0	0	0
3行	M(0,2)	0	0	0	0	0	1	0	0	0
4行	M(1,0)	0	0	0	0	0	0	0	1	0
5行	M(1,1)	0	0	0	0	0	0	0	0	0
6行	M(1,2)	0	0	0	0	0	0	0	0	0
7行	M(2,0)	0	0	0	0	0	0	0	1	0
8行	M(2,1)	0	0	0	0	0	0	0	0	0
9行	M(2,2)	0	0	0	0	0	0	0	0	0

(c)

		M(0,0)	M(0,1)	M(0,2)	M(1,0)	M(1,1)	M(1,2)	M(2,0)	M(2,1)	M(2,2)
1行	M(0,0)	0	0	0	0	0	0	0	0	0
2行	M(0,1)	0	0	0	0	0	1	0	0	0
3行	M(0,2)	0	0	0	0	0	1	0	0	0
4行	M(1,0)	0	0	0	0	0	0	0	1	0
5行	M(1,1)	0	0	0	0	0	1	0	1	0
6行	M(1,2)	0	0	0	0	0	1	0	1	0
7行	M(2,0)	0	0	0	0	0	0	0	1	0
8行	M(2,1)	0	0	0	0	0	1	0	0	0
9行	M(2,2)	0	0	0	0	0	1	0	1	0

(d)

图 5-13 AB 直方图到半累计直方图的转化

（2）将半累计 AB 直方图转换为累计 AB 直方图

$$H[M(i_a,j_a),M(i_b,j_b)] = H[M(i_a,j_a),M(i_b,j_b-1)] + H[M(i_a,j_a),M(i_b-1,j_b)]$$
$$+ \mathrm{semi}H[M(i_a,j_a),M(i_b,j_b)] - H[M(i_a,j_a),M(i_b-1,j_b-1)]$$
$$(5\text{-}10)$$

式(5-10)的含义如下图 5-14 所示。图 5-14(a)所示的 $H[M(i_a,j_a),M(i_b,j_b)]$ 值等于 LL 点起于图 5-14(b)中正斜杠填充区域且 UR 点止于图 5-14(b)中反斜杠区域的空间对象数，加上 LL 点起于图 5-14(c)中正斜杠填充区域且 UR 点止于图 5-14(c)中反斜杠区域的空间对象数，加上 LL 点起于图 5-14(d)中正斜杠填充区域且 UR 点止于图 5-14

(d)中反斜杠区域的空间对象数，再减去 LL 点起于图 5-14(e)中正斜杠填充区域且 UR 点止于图 5-14(e)中反斜杠区域的空间对象数（因为在前两次"＋"操作中，该类空间对象被算了两遍）。

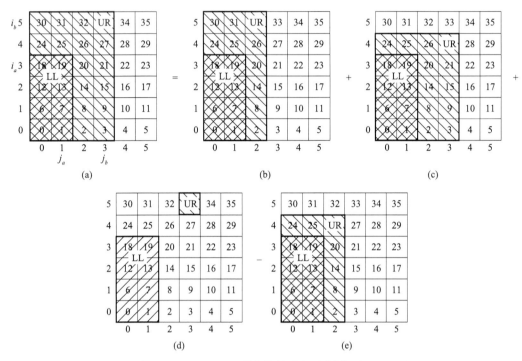

图 5-14　$H[M(i_a,j_a),M(i_b,j_b)]$ 的推导过程示意图(Cheng et al.,2013)

同上，在实际运算中式(5-10)存在如下几种变型：

① 当 $i_b=0$、$j_b=0$ 时，$H[M(i_a,j_a),M(0,0)]=\mathrm{semi}H[M(i_a,j_a),M(i_b,j_b)]$。即 H 的第 1 列等于 $\mathrm{semi}H$ 的第 1 列，已确定的 H 中的值用斜体表示，如图 5-15(a)第 1 列所示。

② 当 $i_b=0$、$j_b>0$ 时，$H[M(i_a,j_a),M(0,j_b)]=H[M(i_a,j_a),M(0,j_b-1)]+\mathrm{semi}H[M(i_a,j_a),M(0,j_b)]$。即对于 H 中第一列斜三角阵的后续列，其单元值等于 H 中上一列对应行上的值加 $\mathrm{semi}H$ 中对应位置的单元值。经本步运算后 H 前 3 列的值，如图 5-15(b)的斜体所示。

③ 当 $i_b>0$、$j_b=0$ 时，$H[M(i_a,j_a),M(i_b,0)]=H[M(i_a,j_a),M(i_b-1,0)]+\mathrm{semi}H[M(i_a,j_a),M(i_b,0)]$。即对于 H 中后续斜三角阵的第一列，各单元的值等于 H 中上一列斜三角阵第一列对应位置的单元值 $\mathrm{semi}H$ 中对应位置的单元值。经此步后，累计直方图 H 的值如图 5-15(c)中斜体所示。

④ 当 $i_b>0$、$j_b>0$ 时，$H[M(i_a,j_a),M(i_b,j_b)]=H[M(i_a,j_a),M(i_b,j_b-1)]+H[M(i_a,j_a),M(i_b-1,j_b)]+\mathrm{semi}H[M(i_a,j_a),M(i_b,j_b)]-H[M(i_a,j_a),M(i_b-1,j_b-1)]$。即对于 H 后两列斜三角阵的非第一列，各单值等于 H 中上一列斜三角阵中对应位置单元值加 H 中本列三角阵中前一列对应行位置的单元值，再加 $\mathrm{semi}H$ 中对应

位置的单元值,最后减去 H 中上一列斜三角阵中对应位置的前一列单元值。第 5、6、7、8 列经上述运算后，半累计直方图的值，如图 5-15(d)中斜体所示。

	1列 $M(0,0)$	2列 $M(0,1)$	3列 $M(0,2)$	4列 $M(1,0)$	5列 $M(1,1)$	6列 $M(1,2)$	7列 $M(2,0)$	8列 $M(2,1)$	9列 $M(2,2)$
$M(0,0)$	0	0	0	0	0	0	0	0	0
$M(0,1)$	0	0	0	0	0	1	0	0	0
$M(0,2)$	0	0	0	0	0	1	0	0	0
$M(1,0)$	0	0	0	0	0	0	0	1	0
$M(1,1)$	0	0	0	0	0	1	0	1	0
$M(1,2)$	0	0	0	0	0	1	0	1	0
$M(2,0)$	0	0	0	0	0	0	0	1	0
$M(2,1)$	0	0	0	0	0	1	0	1	0
$M(2,2)$	0	0	0	0	0	1	0	1	0

(a)

	1列 $M(0,0)$	2列 $M(0,1)$	3列 $M(0,2)$	4列 $M(1,0)$	5列 $M(1,1)$	6列 $M(1,2)$	7列 $M(2,0)$	8列 $M(2,1)$	9列 $M(2,2)$
$M(0,0)$	0	0	0	0	0	0	0	0	0
$M(0,1)$	0	0	0	0	0	1	0	0	0
$M(0,2)$	0	0	0	0	0	1	0	0	0
$M(1,0)$	0	0	0	0	0	0	0	1	0
$M(1,1)$	0	0	0	0	0	1	0	1	0
$M(1,2)$	0	0	0	0	0	1	0	1	0
$M(2,0)$	0	0	0	0	0	0	0	1	0
$M(2,1)$	0	0	0	0	0	1	0	1	0
$M(2,2)$	0	0	0	0	0	1	0	1	0

(b)

	1列 $M(0,0)$	2列 $M(0,1)$	3列 $M(0,2)$	4列 $M(1,0)$	5列 $M(1,1)$	6列 $M(1,2)$	7列 $M(2,0)$	8列 $M(2,1)$	9列 $M(2,2)$
$M(0,0)$	0	0	0	0	0	0	0	0	0
$M(0,1)$	0	0	0	0	0	1	0	0	0
$M(0,2)$	0	0	0	0	0	1	0	0	0
$M(1,0)$	0	0	0	0	0	0	0	1	0
$M(1,1)$	0	0	0	0	0	1	0	1	0
$M(1,2)$	0	0	0	0	0	1	0	1	0
$M(2,0)$	0	0	0	0	0	0	0	1	0
$M(2,1)$	0	0	0	0	0	1	0	1	0
$M(2,2)$	0	0	0	0	0	1	0	1	0

(c)

	1列 $M(0,0)$	2列 $M(0,1)$	3列 $M(0,2)$	4列 $M(1,0)$	5列 $M(1,1)$	6列 $M(1,2)$	7列 $M(2,0)$	8列 $M(2,1)$	9列 $M(2,2)$
$M(0,0)$	0	0	0	0	0	0	0	0	0
$M(0,1)$	0	0	0	0	0	1	0	0	1
$M(0,2)$	0	0	0	0	0	1	0	0	1
$M(1,0)$	0	0	0	0	0	0	0	1	1
$M(1,1)$	0	0	0	0	0	1	0	1	2
$M(1,2)$	0	0	0	0	0	1	0	1	2
$M(2,0)$	0	0	0	0	0	0	0	1	1
$M(2,1)$	0	0	0	0	0	1	0	1	2
$M(2,2)$	0	0	0	0	0	1	0	1	2

(d)

图 5-15　半累计直方图到累计直方图的转化

（3）最后将斜下三角阵中的 1 改为 0，得到图 5-10(c)所示的累计 AB 直方图。

3. 操作 3：将累计 AB 直方图转换为 AB 直方图（H2AbH）

将累计 AB 直方图转换为 AB 直方图，可以视为上一节的逆过程。其计算方法相对简单，具体步骤如下。

（1）将 $H[M(0,0),M(0,0)]$ 的值赋给 $abH[M(0,0),M(0,0)]$、$semiH[M(0,0),M(0,0)]$。

（2）H 到 $semiH$ 的转换。根据图 5-14 所示逻辑，对等式两边移项，可以得到 $semiH[M(i_a,j_a),M(i_b,j_b)]$ 的计算方法，如式(5-11)所示。

$$semiH[M(i_a,j_a),M(i_b,j_b)] = H[M(i_a,j_a),M(i_b,j_b)] - H[M(i_a,j_a),M(i_b,j_b-1)] \\ - H[M(i_a,j_a),M(i_b-1,j_b)] + H[M(i_a,j_a),M(i_b-1,j_b-1)]$$

$$(5\text{-}11)$$

（3）$semiH$ 到 abH 的转换。得到 $semiH$ 矩阵后，根据图 5-12 所示逻辑，对等式两边移项，可以得到 $abH[M(i_a,j_a),M(i_b,j_b)]$ 的计算方法，如式(5-12)所示。

$$abH[M(i_a,j_a),M(i_b,j_b)] = semiH[M(i_a,j_a),M(i_b,j_b)] - semiH[M(i_a-1,j_a),M(i_b,j_b)] - semiH[M(i_a,j_a-1),M(i_b,j_b)] + semiH[M(i_a-1,j_a-1),M(i_b,j_b)]$$

$$(5\text{-}12)$$

事实上，将式(5-12)中的四个 $semiH$ 用式(5-11)改写后，则可以实现累计 AB 直方图到 AB 直方图的转化，即无需 $semiH$ 做跳板，如式(5-13)所示。

$$abH[M(i_a,j_a),M(i_b,j_b)] = (H[M(i_a,j_a),M(i_b,j_b)] - H[M(i_a,j_a),M(i_b,j_b-1)] \\ - H[M(i_a,j_a),M(i_b-1,j_b)] + H[M(i_a,j_a),M(i_b-1,j_b-1)]) \\ - (H[M(i_a-1,j_a),M(i_b,j_b)] - H[M(i_a-1,j_a),M(i_b,j_b-1)] \\ - H[M(i_a-1,j_a),M(i_b-1,j_b)] + H[M(i_a-1,j_a),M(i_b-1,j_b-1)]) \\ - (H[M(i_a,j_a-1),M(i_b,j_b)] - H[M(i_a,j_a-1),M(i_b,j_b-1)] \\ - H[M(i_a,j_a-1),M(i_b-1,j_b)] + H[M(i_a,j_a-1),M(i_b-1,j_b-1)]) \\ + (H[M(i_a-1,j_a-1),M(i_b,j_b)] - H[M(i_a-1,j_a-1),M(i_b,j_b-1)] \\ - H[M(i_a-1,j_a-1),M(i_b-1,j_b)] + H[M(i_a-1,j_a-1),M(i_b-1,j_b-1)])$$

$$(5\text{-}13)$$

5.4 累计 AB 直方图的选择率估算

5.4.1 空间选择的选择率估计

在 $m \times n$ 划分的空间中，假设查询区域的 X_{min}、Y_{min}、X_{max}、Y_{max} 均是整数（如图 5-16 所示），其左下角点对应的行列号为 (i_a,j_a)，右上角点对应的行列号为

(i_b, j_b)。对于查询窗口与查询格网不重合的情况，后面第 7 小节将继续讨论。下面讨论此情况下，不同拓扑操作的选择率估计。

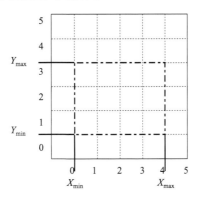

图 5-16　查询窗口与查询格网线重合

1. ST_Within 的选择率估计

以图 5-7 为例，位于图 5-16 查询窗口内的空间对象，具有如下特点，即其 LL 和 UR 均位于空间查询区域［如图 5-17(a)的虚线框所示］的内部。虽然累计直方图不直接记载 ST_Within 的选择率数值，但我们可以通过直方图中的其他值推算出来。其推导原理如图 5-17 所示。位于查询区域 $Q(i_a, j_a, i_b, j_b)$（见图 5-17 中虚线区域所示）的空间对象数等于 LL 点起于图 5-17(b)中正斜杠填充区域且 UR 点止于图 5-17(b)中反斜杠区域的空间对象数，减去 LL 点起于图 5-17(c)中正斜杠填充区域且 UR 点止于图 5-17(c)中反斜杠区域的空间对象数，减去 LL 点起于图 5-17(d)中正斜杠填充区域且 UR 点止于图 5-17(d)中反斜杠区域的空间对象数，再加上 LL 点起于图 5-17(e)中正斜杠填充区域且 UR 点止于图 5-17(e)中反斜杠区域的空间对象数（因为在前两次"—"操作中，该类空间对象被减了两遍）。

由图 5-17(b)到(e)的值在累计 AB 直方图中有记载。因此，ST_Within 的选择率可用式(5-14)得到。

$$S(H, Q(i_a, j_a, i_b, j_b), ST\_Within) = H[M(i_b, j_b), M(i_b, j_b)] - H[M(i_b, j_a - 1),$$
$$M(i_b, j_b)] - H[M(i_a - 1, j_b), M(i_b, j_b)] + H[M(i_a - 1, j_a - 1), M(i_a, j_a)]$$

$$(5-14)$$

以图 5-7 的空间对象为例，$S(H, Q(1, 1, 3, 4), ST\_Within) = H[M(3,4), M(3,4)] - H[M(3,0), M(3,4)] - H[M(0,4), M(3,4)] + H[M(0,0), M(3,4)] = H[22,22] - H[18,22] - H[4,22] + H[0,22] = 2 - 0 - 0 + 0 = 2.$

2. ST_Contains 的选择率估计

对于包含(ST_Contains)该查询区域的空间对象，其 MBR 的 UR 点应该在查询窗口［图 5-18(a)中虚线所示］的右上方，而 LL 点应该在查询窗口的左下方。该类空间对象数等于 LL 点起于图 5-18(b)中正斜杠填充区域且 UR 点止于图 5-18(b)中反斜杠区

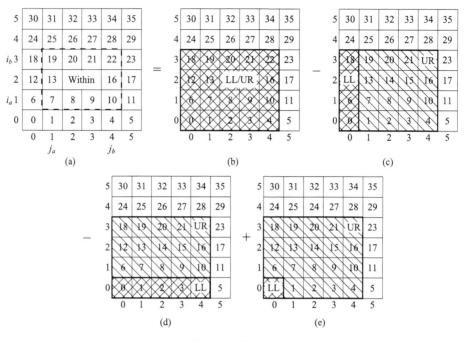

图 5-17　ST_Within 选择率的推算过程(Cheng et al.，2013)

域的空间对象数，LL 点起于图 5-18(c)中正斜杠填充区域且 UR 点止于图 5-18(c)中反斜杠区域的空间对象数，LL 点起于图 5-18(d)中正斜杠填充区域且 UR 点止于图 5-18(d)中反斜杠区域的空间对象数，再加上 LL 点起于图 5-18(e)中正斜杠填充区域且 UR 点止于图 5-18(e)中反斜杠区域的空间对象数。

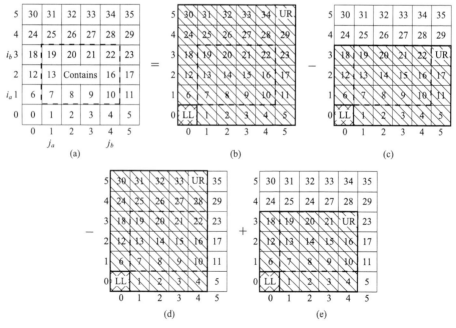

图 5-18　Contians 选择率的推算过程(Cheng et al.，2013)

因此，ST_Contains 的选择率见式(5-15)。

$$S(H,Q(i_a,j_a,i_b,j_b),\text{ST\_Contains}) = H[M(i_a-1,j_a-1),M(m,n)] - H[M(i_a-1,j_a-1),$$
$$M(i_b,n)] - H[M(i_a-1,j_b-1),M(m,j_b)] + H[M(i_a-1,j_b-1),M(i_b,j_b)]$$

$$(5-15)$$

以图 5-7 的空间对象为列，$S(H,Q(1,1,3,4),\text{ST\_Contians}) = H[M(0,0),$
$M(5,5)] - H[M(0,0),M(3,5)] - H[M(0,0),M(5,4)] + H[M(0,0),M(3,4)] = H[0,$
$35] - H[0,23] - H[0,34] + H[0,22] = 2 - 0 - 0 + 0 = 2$。

3. ST_Intersects 的选择率估计

若空间对象与查询窗口相交，则查询窗口与几何对象的 MBR 之间必须存在公共部分。与该查询区域相交(ST_Intersects)的空间对象数则等于 LL 点起于图 5-19(b)中正斜杠填充区域且 UR 点止于图 5-19(b)中反斜杠区域的空间对象数，LL 点起于图 5-19(c)中正斜杠填充区域且 UR 点止于图 5-19(c)中反斜杠区域的空间对象数，LL 点起于图 5-19(d)中正斜杠填充区域且 UR 点止于图 5-19(d)中反斜杠区域的空间对象数，再加上 LL 点起于图 5-19(e)中正斜杠填充区域且 UR 点止于图 5-19(e)中反斜杠区域的空间对象数。

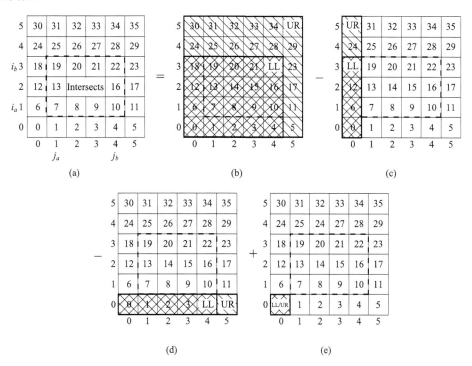

图 5-19　ST_Intersects 选择率的推算过程(Cheng et al.，2013)

因此，ST_Intersects 的选择率见式(5-16)。

$$S(H,Q(i_a,j_a,i_b,j_b),ST\_Intersects)=H[M(i_b,j_b),M(m,n)]-H[M(i_b,j_a-1),$$
$$M(m,j_a-1)]-H[M(i_a-1,j_b),M(i_a-1,n)]+H[M(i_a-1,j_b-1),M(i_a-1,j_b-1)]$$
$$(5\text{-}16)$$

以图 5-7 的空间对象为列，$S(H,Q(1,1,3,4),ST\_Intersects)=H[M(3,4),$
$M(5,5)]-H[M(3,0),M(5,0)]-H[M(0,4),M(0,5)]+H[M(0,0),M(0,0)]=$
$H[22,35]-H[18,30]-H[4,5]+H[0,0]=6-0-0+0=6$。

4. ST_Crosses 的选择率估计

与该查询区域 ST_Crosses 的空间对象有两类：一类如图 5-20 的 Crosses 1 所示，LL 点起于其正斜杠填充区域且 UR 点止于其反斜杠区域的空间对象；另一类如图 5-20 的 Crosses 2 所示，LL 点起于其正斜杠填充区域且 UR 点止于其反斜杠区域的空间对象。对于上述第一类空间对象，可以用图 5-20 中中间一排直方图推出；对于上述第二类空间对象，可以用图 5-20 中最后一排直方图推出。因此，ST_Crosses 的选择率见式(5-17)。

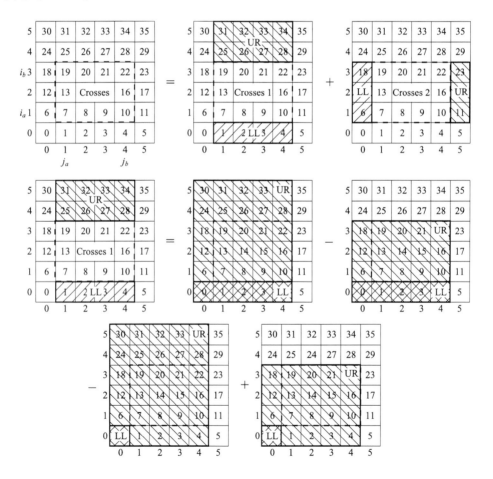

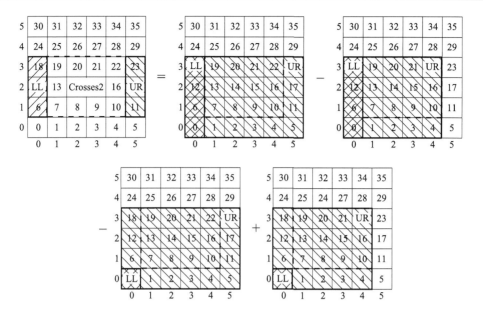

图 5-20 Corss 选择率的推算过程(Cheng et al，2013)

$$S(H,Q(i_a,j_a,i_b,j_b),ST\_Crosses) = \{H[M(i_a-1,j_b),M(m,j_b)] - H[M(i_a-1,j_b),$$
$$M(i_b,j_b)] - H[M(i_a-1,j_a-1),M(m,j_b)] + H[M(i_a-1,j_a-1),M(i_b,j_b)]\}$$
$$+ \{H[M(i_b,j_a-1),M(i_b,n)] - H[M(i_b,j_a-1),M(i_b,j_b)] - H[M(i_a-1,j_a-1),$$
$$M(i_b,n)] + H[M(i_a-1,j_a-1),M(i_b,j_b)]\}$$

$$(5\text{-}17)$$

5. ST_Disjoint 的选择率估计

由于相离和相交操作是互补的，即非此即彼，因此，ST_Disjoint 的选择率可用式 (5-18)计算。

$$S(H,Q(i_a,j_a,i_b,j_b),ST\_Disjoint) = H[M(m,n),M(m,n)]$$
$$- S(H,Q(i_a,j_a,i_b,j_b),ST\_Intersect)$$

$$(5\text{-}18)$$

6. ST_Overlaps 的选择率估计

由于 ST_Intersects 包含了 ST_Contains、ST_Within、ST_Overlaps、ST_Crosses 和 ST_Equals 等多种情况，仅当两个空间的所有坐标都一样时，这两个空间才被认定 为 ST_Equals。由于 ST_Equals 的概率很低，因此，通常 ST_Equals 的选择率都视为 0。 这样 ST_Overlaps 的选择率可用其他拓扑关系的选择率估计值推出，如式(5-19)所示。

$$S(H,Q(i_a,j_a,i_b,j_b),ST\_Overlaps) = S(H,Q(i_a,j_a,i_b,j_b),ST\_Intersect)$$
$$- S(H,Q(i_a,j_a,i_b,j_b),ST\_Within) - S(H,Q(i_a,j_a,i_b,j_b),ST\_Contians)$$
$$- S(H,Q(i_a,j_a,i_b,j_b),ST\_Crosses)$$

$$(5\text{-}19)$$

7. 一些实际问题的解决方法

（1）查询窗口与直方图格网线不重合

在实际使用过程中，查询窗口与直方图格网完全重叠的情况几乎不存在，因此我们需要考虑这些情况设计合理的公式调节估计值。如图 5-21 所示，查询窗口 Q 不与 $6×6$ 的直方图格网重叠。假设查询窗口 Q 里面的且边与直方图格网重叠的最大矩形为 Q_i，查询窗口 Q 外面的且边与直方图格网重叠的最小矩形为 Q_o；假设 Q 的面积为 A，Q_i 的面积为 A_i，Q_o 的面积为 A_o。

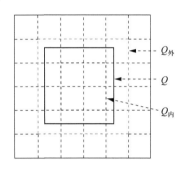

图 5-21　$Q_{外}$、$Q_{内}$ 的图示

空间谓词 ST_Contains 和 ST_Crosses 的 Q 窗口查询估计真值必定大于 $Q_{外}$ 窗口相应谓词的选择率估计值；空间谓词 ST_Within 和 ST_Intersects 的 $Q_{外}$ 窗口查询结果估计真值必定大于 $Q_{内}$ 窗口相应谓词的选择率估计值。空间谓词 ST_Overlaps 和 ST_Disjoint 的空间查询估计值仍然是根据其他的空间谓词估计值组合得出。这里简单假设误差是按照面积平均分布的，则各拓扑谓词的选择率估计如式(5-20)到式(5-25)所示。

$$S(H,Q,ST\_Contains) = S(H,Q_{外},ST\_Contains) + (S(H,Q_{内},ST\_Contains)$$
$$-S(H,Q_{外},ST\_Contains)) × (A_{外} - A)/(A_{外} - A_{内}) \tag{5-20}$$
$$S(H,Q,ST\_Within) = S(H,Q_{内},ST\_Within) + (S(H,Q_{外},ST\_Within)$$
$$-S(H,Q_{内},ST\_Within)) × (A - A_{内})/(A_{外} - A_{内}) \tag{5-21}$$
$$S(H,Q,ST\_Intersects) = S(H,Q_{内},ST\_Intersects) + (S(H,Q_{外},ST\_Intersects)$$
$$-S(H,Q_{内},ST\_Intersects)) × (A - A_{内})/(A_{外} - A_{内}) \tag{5-22}$$
$$S(H,Q,ST\_Crosses) = S(H,Q_{外},ST\_Crosses) + (S(H,Q_{内},ST\_Crosses)$$
$$-S(H,Q_{外},ST\_Crosses)) × (A_{外} - A)/(A_{外} - A_{内}) \tag{5-23}$$
$$S(H,Q,ST\_Overlaps) = S(H,Q,ST\_Intersects) - S(H,Q,ST\_Contains)$$
$$-S(H,Q,ST\_Within) - S(H,Q,ST\_Crosses) \tag{5-24}$$
$$S(H,Q,ST\_Disjoint) = H[M(m,n),M(m,n)] - S(H,Q,ST\_Intersects)$$
$$\tag{5-25}$$

（2）多空间操作算子的选择率估计

5.4.1 中第 1 节至第 6 节讨论的是单空间拓扑算子作用于数据集后的选择率估计。

在实际应用中，空间选择操作可能是多个空间操作算子用 and 或 or 联合起来后作用于数据集，此时的选择率估计则可以用概率论的相关理论解决。

对于多个空间算子参与的查询操作，空间数据库内核常常会整理该查询约束条件，将其改写为如下合取范式：

约束条件：$bf(0)$ and $bf(1)$ and $bf(2)$ and……，

式中，$bf(i)$ 称作布尔因子。每个布尔因子又可以用如下析取范式表达

布尔因子：$sp(1)$ or $sp(2)$ or $sp(3)$ or……

式中，$sp(i)$ 称作空间谓词，即空间算子。

在计算多空间谓词的选择率时，首先估算出每个空间谓词的选择率(S)，再除以数据总量，将其改为概率形式，记为 $P_g^{opr(i)}$，则布尔因子的概率形式选择率可用式(5-26)得到，而整个约束条件的概率形式选择率可用式(5-27)得到。最终，选择结果集的元组数可用式(5-26)或式(5-27)中的概率值乘以记录总数得出。

$$P_g^{bf}(j) = \sum_{i=1}^{n} P_g^{opr(i)} + \prod_{j=1}^{n} P_g^{opr(i)} \tag{5-26}$$

$$P_g^{re}(i) = \prod_{j=1}^{n} P_g^{bf}(j) \tag{5-27}$$

5.4.2　空间连接的选择率估计

空间连接操作是从两个给定的数据集中找出满足某种拓扑关系的空间数据对。例如，找出空间表 A 的 Geometry 列与空间表 B 的 Geometry 列中满足 ST_Intersects 关系的对象对。因此，参与空间连接选择率估计的输入为两张大小不同、空间位置交错的累计 AB 直方图，如图 5-22 所示。假定 A 表 Geometry 列、B 表 Geometry 列的累计 AB 直方图分别为 HA、HB，其维数分别为 $HAm \times HAn$、$HBm \times HBn$，且 HA 的桶数比 HB 的桶数少。下面给出两种计算选择率的方法。算法 1 的逻辑更易理解，但算法复杂度较高，且实现较为复杂，因为它没有充分利用累计 AB 直方图及其选择率估计的研究

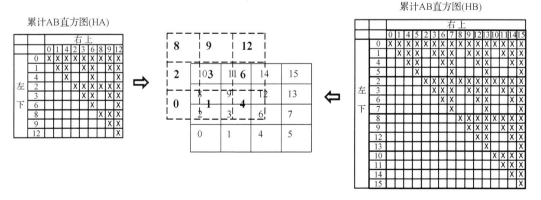

图 5-22　参与连接的两张累计 AB 直方图示例

成果；而算法 2 则充分利用了累计 AB 直方图及其选择率估计的研究成果，算法复杂度较低，但理解起来稍微困难些。

1. 算法 1

将两张累计直方图 HA、HB 都转化为非累计直方图 $abHA$、$abHB$，然后判断 ab-HA 中每个环形桶与 $abHB$ 中每个环形桶满足 OP 关系的对数，然后求和；其选择率估计流程如图 5-23 所示。该算法实际是基于 AB 直方图的空间连接选择率估计。

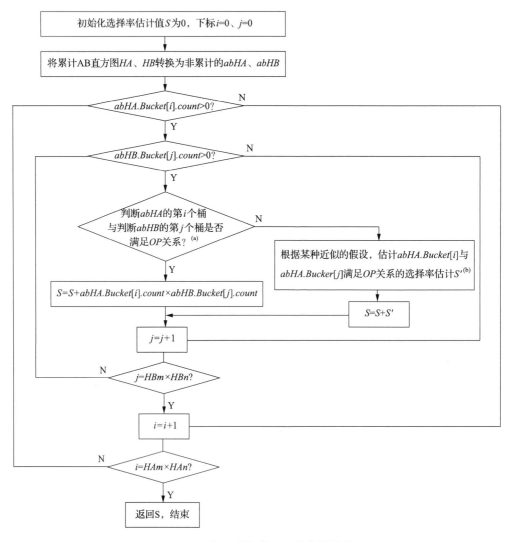

图 5-23　空间连接操作的选择率估计流程

图 5-23 中 (a) 标记的地方可以参考表 5-1 中的相关判断逻辑进行，而 (b) 处标记的地方则可参考文献（Cheng et al.，2011）的相关内容。

表 5-1　两环形桶满足各类 OP 的判断逻辑

拓扑关系(OP)	判断逻辑
ST_Intersects	！(abHA. Bucket[i]. Inner. Xmin>abHB. Bucket[j]. Inner. Xmax ‖ abHA. Bucket[i]. Inner. Xmax<abHB. Bucket[j]. Inner. Xmin ‖ abHA. Bucket[i]. Inner. Ymin>abHB. Bucket[j]. Inner. Ymax ‖ abHA. Bucket[i]. Inner. Ymax<abHB. Bucket[j]. Inner. Ymin)
ST_Contains	abHA. Bucket[i]. Inner. Xmin<abHB. Bucket[j]. Outer. Xmin&& abHA. Bucket[i]. Inner. Xmaz>abHB. Bucket[j]. Outer. Xmax&& abHA. Bucket[i]. Inner. Ymin<abHB. Bucket[j]. Outer. Ymin&& abHA. Bucket[i]. Inner. Ymax>abHB. Bucket[j]. Outer. Ymax
ST_Within	abHA. Bucket[i]. Outer. Xmin>abHB. Bucket[j]. Inner. Xmin&& abHA. Bucket[i]. Outer. Xmax<abHB. Bucket[j]. Inner. Xmax&& abHA. Bucket[i]. Outer. Ymin>abHB. Bucket[j]. Inner. Ymin&& abHA. Bucket[i]. Outer. Ymax<abHB. Bucket[j]. Inner. Ymax
ST_Crosses	(abHA. Bucket[i]. Outer. Xmin>abHB. Bucket[j]. Inner. Xmin&& abHA. Bucket[i]. Outer. Xmax<abHB. Bucket[j]. Inner. Xmax&& abHA. Bucket[i]. Inner. Ymin<abHB. Bucket[j]. Outer. Ymin&& abHA. Bucket[i]. Inner. Ymax>abHB. Bucket[j]. Outer. Ymax) ‖ (abHA. Bucket[i]. Inner. Xmin<abHB. Bucket[j]. Outer. Xmin&& abHA. Bucket[i]. Inner. Xmax>abHB. Bucket[j]. Outer. Xmax&& abHA. Bucket[i]. Outer. Ymin>abHB. Bucket[j]. Inner. Ymin&& abHA. Bucket[i]. Outer. Ymax<abHB. Bucket[j]. Inner. Ymax)
ST_Overlaps	满足 ST_Intersects 的逻辑,但不满足 ST_Contains、ST_Within 和 ST_Crosses 的逻辑
ST_Disjoint	abHA. Bucket[i]. Outer. Xmin>abHB. Bucket[j]. Outer. Xmax ‖ abHA. Bucket[i]. Outer. Xmax<abHB. Bucket[j]. Outer. Xmin ‖ abHA. Bucket[i]. Outer. Ymin>abHB. Bucket[j]. Outer. Ymax ‖ abHA. Bucket[i]. Outer. Ymax<abHB. Bucket[j]. Outer. Ymin

上述逻辑虽然清晰，但没有利用已有空间选择操作的选择率估计，我们下面介绍一种充分利用累计 AB 直方图及其选择率估计的算法。

2. 算法 2

为了降低算法的复杂度，只将较小累计直方图 HA 转化为非累计的 $abHA$。对于桶内对象数 $abHA[M(i_a,j_b),M(i_b,j_b)]$ 大于 0 的桶，假定该桶内的空间 MBR 都位于桶的中央位置 $(i_a-0.5,j_b-0.5,i_b+0.5,j_b+0.5)$，以该矩形作为查询窗口、$HB$ 为空间数据表的累计直方图，算出数据集 B 与该查询区满足空间连接操作 OP 的对象对数，再乘以桶内对象数 $abHA[M(i_a,j_b),M(i_b,j_b)]$，得到该桶与该数据集 B 满足空间连接操作 OP 的对象总对数；最后，对 $abHA$ 中非空各桶的上述选择率求和，则得到该空间连接操作的选择率估计，如式(5-28)所示，简称为模型 1。

$$S(HA,HB,OP)=\sum_{i_a=0}^{HAm}\sum_{j_a=i_a}^{HAn}\sum_{i_b=i_a}^{HAm}\sum_{j_b=j_a}^{HAn}(S(HB,Q(i_a+0.5,j_a+0.5,i_b-0.5,j_b-0.5),OP)$$

$$\times abHA[M(i_a,j_a),M(i_b,j_b)])\tag{5-28}$$

模型 1 假定环形桶内 MBR 都位于环形桶中央图 5-24（a）所示。当然，我们也可以基于其他假设分布计算选择率。若假定环形桶内几何对象的 MBR 服从外到内的均匀回形分布，如图 5-24（b），这些 MBR 下标从外到内依次为 1 到 $abHA[M(i_a,j_b),M(i_b,j_b)]$，则选择率估计公式变为式（5-29），称为模型 2。模型 2 的假设分布比模型 1 更为精细，故其选择率估算的时间复杂度也有所增加。

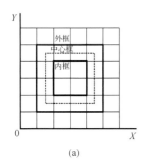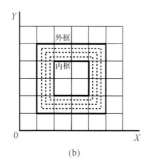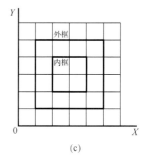

图 5-24　数据均匀分布

$$S(HA,HB,OP)=\sum_{i_a=0}^{HA m}\sum_{j_a=i_a}^{HA n}\sum_{i_b=i_a}^{HA m}\sum_{j_b=j_a}^{HA n}(S(HB,Q_1,OP)+S(HB,Q_2,OP)$$
$$+\cdots+S(HB,Q_{abHA[M(i_a,j_a),M(i_b,j_b)]},OP))\tag{5-29}$$

若我们将 $M(i_a,j_b)$，$M(i_b,j_b)$ 环形桶的选择率简化为环形桶内环（i_a+1，j_b+1，i_b-1，j_b-1）与外环（i_a，j_b，i_b，j_b）选择率的平均数，再乘以桶内 MBR 的数目，则此时空间连接操作的选择率公式则变为式（5-30）所示，简称模式 3。根据公式可知，模型 1 的算法复杂度最低，因为计算 S 的次数最少；但其精度并不知晓。后续我们将针对这三种模型做进一步的精度验证实验。

$$S(HA,HB,OP)=\sum_{i_a=0}^{HA m}\sum_{j_a=i_a}^{HA n}\sum_{i_b=i_a}^{HA m}\sum_{j_b=j_a}^{HA n}\left(\frac{S(HB,Q_{(i_a+1,j_a+1,i_b-1,j_b-1)},OP)+S(HB,Q_{(i_a,j_a,i_b,j_b)},OP)}{2}\right.$$
$$\left.\times abHA[M(i_a,j_a),M(i_b,j_b)]\right)\tag{5-30}$$

5.5　累计 AB 直方图的推演

上述选择率估计算法都假定待查询的数据集的空间直方图已知。以图 5-25 为例，ST_Intersect(F. Geometry,：WINDOW)操作是基于 F 表的操作，由于 F 表的累计 AB 直方图是事先建立好的，故用式（5-16）很容易获得 ST_Intersect 的选择率估计值。但是，在上步查询结果集上执行 ST_Overlaps(F. Geometry，R. Flood-Plan)的连接操作时，上步查询结果集则没有累计 AB 直方图可用。实时生成该结果集的空间直图是不可行，一是因为耗时太长；二是因为代价评估阶段该查询并未真正执行。唯一可行的方案是基于 F 表的累计 AB 直方图和 ST_Intersects 操作推演出其查询结果的累计 AB 空间直方图，用于 ST_Overlaps 的选择率估计。

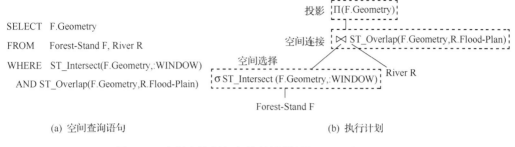

SELECT F.Geometry

FROM   Forest-Stand F, River R

WHERE ST_Intersect(F.Geometry,:WINDOW)

  AND ST_Overlap(F.Geometry,R.Flood-Plain)

(a) 空间查询语句   (b) 执行计划

图 5-25 空间查询语句与执行计划(Cheng et al.，2013)

累计 AB 直方图的推演的基本思路是利用式（5-13）先将累计 AB 直方图转化为 AB 直方图，根据 AB 直方图基本可以推出空间对象的分布；然后，计算在空间操作作用下桶中剩余的空间对象数(选择率)，有关选择率计算方法可参见 5.4.1 节和 5.4.2 节；最后，再用式(5-9)和式(5-10)将 AB 直方图转化为累计 AB 直方图，即查询结果集的累计 AB 直方图。下面介绍面向空间选择操作和空间连接操作的累计 AB 直方图推演方法。

5.5.1 面向空间选择的直方图推演

假设参与查询操作 OP 的累计 AB 直方图为 H、查询窗口为 Q，则查询结果集的累计 AB 直方图为 H'。根据上述逻辑，H' 可用程序 5-1 的伪代码获得。

```
/ ∗ 输入：累计 AB 直方图 H、查询窗口 Q，空间操作 OP ∗ /
/ ∗ 输出：查询结果集的累计 AB 直方图 H' ∗ /
  初始化 H'，将其所有单元格的值置为 0；
  初始化中间变量 abH'，将其所有单元格的值置为 0；
For( ia = 0；ia＜m；ia + + )
    For( ja = ia；ja＜n；ja + + )
        For( ib = ia；ib＜m；ib + + )
            For( jb = ja；jb＜n；jb + + )
            {
                / ∗ 计算 HA 直方图中环形桶 Bucket(ia, ja；ib, jb)内的 MBR 数 ∗ /
                用式(5-13)得到 abH[M(ia, ja),M(ib, jb)]；
                If (abH[M(ia, ja),M(ib, jb)]＞0)        / ∗ 若桶内有 MBR∗ /
                    / ∗ 计算桶内满足查询操作 OP 的 MBR 数 ∗ /
                    abH'[M(ia, ja),M(ib, jb)] = S(abH[M(ia, ja),M(ib, jb)],Q,OP)；
            }
abH2H(abH', H')；
```

程序 5-1 选择操作的累计 AB 直方图推演伪代码

5.5.2　面向空间连接的直方图推演

假设 A 表 Geometry 列、B 表 Geometry 列的直方图分布为 HA、HB，执行 OP 连接操作后，查询结果集中 A. Geometry 的直方图为 HA'。根据上述逻辑，HA' 可用程序 5-2 的伪代码获得。

```
/ * 输入：参与连接的两个累计 AB 直方图 HA、HB，空间操作 OP * /
/ * 输出：连接结果中 A 列的累计 AB 直方图 HA' * /
初始化 HA'，将其所有单元格的值置为 0;
初始化中间变量 abHA'，将其所有单元格的值置为 0;
For( ia = 0; ia＜m; ia + + )
    For( ja = ia; ja＜n; ja + + )
        For( ib = ia; ib＜m; ib + + )
            For( jb = ja; jb＜n; jb + + )
            {
                / * 计算 HA 直方图中环形桶 Bucket(ia, ja; ib, jb)内的 MBR 数 * /
                用式(5-13)得到 abHA [M(ia, ja), M(ib, jb)];
                If (abHA [M(ia, ja), M(ib, jb)] ＞0)/ * 若桶内有 MBR * /
                / * 根据式(5-28)，计算桶内与 HB 满足查询操作 OP 的 MBR 数 * /
                abHA'[M(ia,ja),M(ib,jb)] = S(HB,Q(ia + 0.5,ja + 0.5,ib-0.5,ib-0.5),OP)
                                     * abHA[M(ia,ja),M(ib,jb)];
            }
abH2H(abHA', HA')
```

程序 5-2　连接操作的累计 AB 直方图推演伪代码

可见，图 5-25 中 ST_Intersect(F. Geometry,：WINDOW)选择结果集的累计 AB 直方图可用式(5-22)的逻辑获得，而 ST_Overlaps(F. Geometry，R. Flood-Plan)的连接结果集的累计 AB 直方图可用式(5-28)到式(5-30)的逻辑之一获得。另外，空间选择操作的选择率估计算法本身不涉及累计直方图到非累计直方图的推演，故其直方图的推演需要一些额外的系统开销；而空间连接操作的选择率估计算法本身就涉及累计直方图到非累计直方图的推演，故其直方图的推演基本无需额外的系统开销。

5.6　实现与实验

5.6.1　相关系统实现

在完成空间扩展的 Ingres 中，将累计 AB 直方图存储在系统表 IISTATISTICS 中，研发了空间选择估计(ST_QEstIHist)和空间连接估计(ST_JEstHist)两个函数。函数 ST_QEstHist 的输入参数是源数据表的 AB 直方图、查询窗口和空间操作，输出参数是该查询结果的累计 AB 直方图；选择率的估计结果存入 Ingres 的全局变量 bp-⟩ opb_se-lectivity。函数 ST_JEstHist 的输入参数是两个参与连接的累计 AB 直方图和空间操作，输出是连接结果的新累计 AB 直方图；同样，选择率的估计结果也存入 Ingres 的全局变量 bp-⟩ opb_selectivity。

在空间扩展模块中开发出这些函数之后，我们仍然需要在 Ingres 的内核中做一些修改。具体修改如下：在 Ingres 的 OPF(查询优化)模块中函数 oph_bfcost 是一个可以获取每个节点的选择率的函数。首先判断是空间选择还是空间连接。如果是空间选择操作，我们使用函数 ST_QEstHist，并从全局变量 subquery 中获取所需函数参数。如果是空间连接操作，我们使用函数 ST_JEstHist 并从全局结构 subquery 中获取所需参数。另一个重要的修改是设置了一个开关变量来决定是否使用累计 AB 直方图，这样我们通过该开关可以测试 AB 直方图对 Ingres 查询优化模块的影响。

5.6.2　空间选择操作的选择率估计实验

这个试验目的是测试基于六种拓扑关系的空间选择操作的选择率估计的准确性。测试数据为：某县土地利用数据，其包括 4498 个多边形，这些多边形 MBR 的分布如图 5-26(a) 所示。我们定义的 15 个查询窗口如图 5-26(b) 所示。在空间选择测试中，我们使用 15 个矩形作为不同的查询窗口测试满足不同拓扑关系的土地利用数据 MBR 的估计值。在空间连接测试中，15 个矩形作为源数据表参与不同的空间连接。

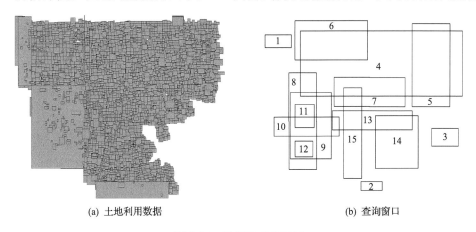

(a) 土地利用数据　　　　　　　　　　　　(b) 查询窗口

图 5-26　数据和查询窗口

我们将土地利用数据的二维空间分割成 30×30 的格网并建立累计 AB 直方图。根据上述的选择率估计函数通过执行 GSQL 语句去估计 MBR 满足 ST_Within、ST_Contains、ST_Intersects、ST_Crosses、ST_Disjoint、ST_Overlaps 这六种拓扑关系的地类斑块个数。在实验结果中，相对错误率用(估计值-真实值)/真实值来计算，结果见表 5-2。

表 5-2　累计 AB 直方图的选择估计结果

实验	ST_Intersects			ST_Within			ST_Contains			ST_Crosses			ST_Overlaps			ST_Disjoint		
	估计值	真值	错误率/%	估计值	真值	错误率/%	估计值	真值	错误率/%	估计值	真值	错误率/%	估计值	真值	错误率/%	估计值	真值	错误率/%
1	69.97	80	-12.5	0	0	0	43.9	45	-2.4	1.73	3	-42.2	26	35	-25.6	4428	4418	0.2
2	12.72	10	27.2	0.46	1	-53.6	4.29	2	114..3	0.46	0	∞	7.97	7	13.8	4485.3	4488	-0.1
3	0	0	0	0	0	0	0	0	0	0	0	0	0	0	0	4498	4498	0
4	2139	2130	0.4	0	0	0	1924	1916	0.4	0	0	0	215	214	0.4	2359.1	2368	-0.4
5	647.8	645	0.4	0	0	0	535	526	1.8	0	0	0	112	119	-5.5	3850.2	3853	-0.1
6	539.1	555	-2.9	0	0	0	458	475	-3.5	0	0	0	80.9	80	1.1	3958.9	3943	0.4
7	473.7	485	-2.3	0	0	0	366	369	-0.9	0	0	0	108	116	-6.9	4024.3	4013	0.3
8	340.9	350	-2.6	0	0	0	273	280	-2.5	1	1	0	68	70	-2.9	4157.1	4148	0.2
9	362.5	380	-4.6	1	1	0	303	314	-3.5	0	0	0	58.5	65	-10.0	4135.5	4118	0.4
10	169.9	172	-1.2	0	0	0	117	111	5.3	1.19	2	-40.5	53	61	-13.0	4328.1	4326	0
11	103.8	104	-0.2	1	1	0	65.2	66	-1.2	0	0	0	37.6	37	1.7	4394.2	4394	0
12	20.75	19	9.2	1	1	0	5.48	4	36.9	0	0	0	14.3	14	2.0	4477.2	4479	0
13	316.6	317	-0.1	0	0	0	217	214	1.3	0	0	0	99.8	103	-3.1	4181.4	4181	0
14	345.4	353	-2.2	0	0	0	273	279	-2.2	0	0	0	72.6	74	-1.8	4152.6	4145	0.2
15	414.2	418	-0.9	0	0	0	309	307	0.5	0	0	0	106	111	-4.8	4083.8	4080	0.1

表 5-2 表明，在 6 组共计 90 个实验中，75 个(占样本的 83.3%)实验的选择率估计精度达 95% 以上。实验结果表明，累计 AB 直方图选择率估计具有较高的精度。对于精度低于 95% 的 15 个实验，我们发现导致误差偏高的原因主要有两种：一是由于有些实验查询结果集的真值较小，导致了误差计算公式中的基数过小、误差较大，例如 1 号窗口的 ST_Crosses、2 号窗口的 ST_Within、10 号的 ST_Contains 等；二是 ST_Overlaps 相关操作的误差率较大；这主要是由于 ST_Overlaps 的选择率是由其他拓扑关系选择率推算出来的，存在误差累计和放大的情况。

另外，本实验仅给出了累计 AB 直方图方法用于面状对象的选择率估计，其实它也可以应用于线状地物。对于点对象的选择率估计采用早期提出的 MinSkew 就会有良好效果。累计 AB 直方图同样可以推广到三维空间查询中，即将在二维空间中表示 MBR 长、宽的点对拓展为表现空间三维对象的长、宽、高的点对，如此既能清楚表达空间位置，又不失去空间对象的完整性。

5.6.3　空间连接操作的选择率估计实验

为了测试累计 AB 直方图连接选择率估计精度，我们分别为图 5-27(a)和(b)所示数据建立 23 行×30 列、46 行×60 列的两张累计 AB 直方图。实验 1、实验 2 分别以 23 行×30 列、46 行×60 列两种不同格网划分的直方图为输入，估计图 5-27 所示数据的连接选择率。

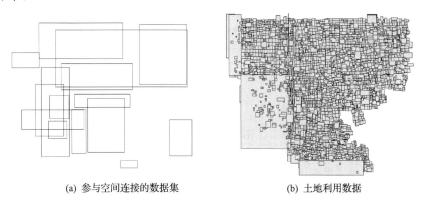

(a) 参与空间连接的数据集　　　　　　(b) 土地利用数据

图 5-27　空间连接操作的两数据集

在两个实验中，我们仅针对 ST_Within、ST_Intersects、ST_Contains、ST_Crosses 四种算子进行了选择率估计，因为它们是推算其他算子选择率的基础；其次，我们针对 5.4.2 中的三种近似估计模型进行选择率估计；实验结果如表 5-3 所示。其中，相对错误率用(估计值-真实值)/真实值来计算。

从表 5-3 中，实验 1 和实验 2 的连接选择率估计误差大部分在 10% 以下，且模型 1、实验 2 的相对误差更低，说明累计 AB 直方图在空间连接的选择率估计中是有效的。

表 5-3　实验结果数据表

实验		ST_Intersects			ST_Within			ST_Contains			ST_Crosses		
		真实值	估计值	错误率/%	真实值	估计值	错误率/%	真实值	估计值	错误率/%	真实值	估计值	错误率/%
实验1	模型1		4 563.9	0.092		2.0	0.599		3 564.3	0.062		5.7	0.479
	模型2	4117	4 267.5	0.021	5	3	0.4	3355	3 331.9	0.006	11	8.9	0.190
	模型3		5 749.4	0.376		1.7	0.666		4 624.1	0.378		6.7	0.386
实验2	模型1		4494.8	0.076		3.9	0.221		3464.6	0.032		8.6	0.220
	模型2	4117	4368.9	0.045	5	5	0	3355	3360.3	0.001	11	11.6	0.053
	模型3		5058.9	0.211		4.1	0.172		3997.8	0.191		10	0.093

通过对图 5-28 的进一步详细对比、分析发现：

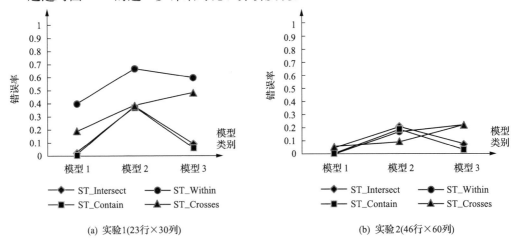

(a) 实验1(23行×30列)　　　　　　　(b) 实验2(46行×60列)

图 5-28　两实验估计错误率曲线

（1）格网划分较精细的实验 2 比格网划分较粗糙的实验 1 在选择率估计方面有更高的精度，主要因为精细的格网划分更加详细准确地反映几何对象 MBR 的分布情况。格网单元的大小与累计 AB 直方图的估计精度有密切关系。通常来说，格网单元越小估计精度越高，但是对 AB 直方图的创建过程有一定影响，而对后期选择率估计不会造成太大的影响。选择率估计分为直方图创建和选择率估计两阶段。格网单元越小 AB 直方图越大，需要的存储空间也就越多，AB 直方图的创建耗时越长。但是在存储容量不断增长的今天，精细格网的稀疏 AB 直方图存储应该不是问题。尽管 AB 直方图的创建耗时会比较长，但它的创建是在查询之前一次性创建，并在查询过程中永久存储，故在选择率估计时则直接调用 AB 直方图，不会对后期选择率估计的效率造成影响。根据选择率估算公式可知，计算仅涉及直方图中几个数值的加减操作，其算法复杂度为 $O(1)$，与 AB 直方图的大小无关。由此也不难得知，随着查询数据量的不断加大，以及数据复杂性的增加，AB 直方图的创建效率会受到影响，但对后期选择率估算的效率影响不大。

（2）直方图内部 MBR 分布假设的精细程度与选择率的精度无关。根据模型 1～模型 3

的假设可知，模型 2 对直方图内部空间分布的假设是最为精细的，然而实验 1 和实验 2 都表明，该模型下选择率估计的精度并不高。这可能是因为环形桶内的几何对象 MBR 的分布是随机的，分布假设只是对空间对象分布的一个接近，但不是越精越接近其分布。

（3）若选择率估计精度与直方图内 MBR 分布假设的精细程度无关，我们建议选择用效率最高的模型 1 进行估计，因为模型 1 中每个桶仅需一次选择率估计，模型 2、模型 3 中每个桶则分别需要进行 $abHA\left[M(i_a, j_b), M(i_b, j_b)\right]$ 次、两次选择率估计。

5.6.4 累计直方图的推演实验

测试以 3.3.1 节的测试数据为例，目的是验证累计 AB 直方图推演算法的有效性。为了构建具有上层节点的空间查询，构建下述的查询语句。

```
SELECT a. *
FROM trees a, grassland b, builtups c
WHERE a. shape st_intersects b. shape and
a. shape st_intersects c. shape and
    a. shape st_intersects ST_GEOMFROMTEXT('POLYGON((500000 3000000, 500000 5000000,
        1500000 5000000, 1500000 3000000, 500000 3000000))', 32767)"
```

首先，我们关闭累计 AB 直方图的使用，并执行上述 SQL 语句。图 5-29 显示了

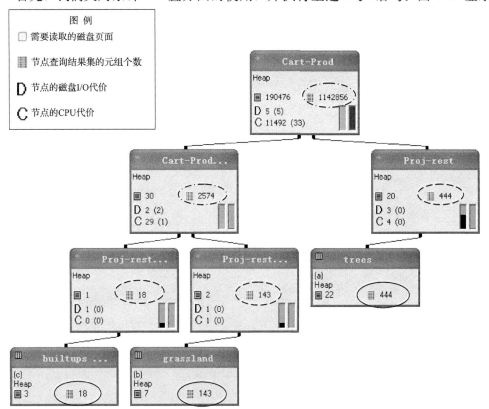

图 5-29 无直方图的查询计划

Ingres 在无累计直方图时选择的执行计划。其中，实线圈里的数字是数据表中的元组数，虚线圈里的数字是数据表经投影-约束操作后的数据个数（选择率），点划线圈内的数字是连接结果的数据个数（选择率）。我们可以看出 Proj-restrection 操作的选择率（虚线圈里的数字）默认是叶节点的元组数（实线圈里的数字），并且一个笛卡儿积查询结果个数（点划线圈里的数字）默认为是它们子节点数据集个数的乘积。由此可见，原始的 Ingres 中根本不具备对空间操作的选择率估计能力。图 5-29 所示计划的执行时间是 14 秒。

我们在三个数据表上建立 17×17 的累计 AB 直方图格网，开启 Ingres 中加入的累计 AB 直方图模型，并执行相同的 SQL 语句，得到的查询计划如图 5-30 所示。此时，系统选择的查询计划已不同于没直方图时的查询计划。图 5-30 中实线圈里的数字是数据表中的元组数，虚线圈里的数字是数据表经投影-约束操作后的数据个数（选择率），点划线圈内的数字是连接结果的数据个数（选择率）。很明显：①该计划对 trees 表的444 个元组进行空间选择操作，估计出与 POLYGON（（500000 3000000，500000 5000000，1500000 5000000，1500000 3000000，500000 3000000））ST_Intersects 的元组数为 34。②在 grassland 的投影结果与 trees 的过滤结果进行连接时，满足 ST_Intersects 的数据对是 36 对。③同时通过对累计 AB 直方图的推演，还支持顶层连接节点的选择率估计。

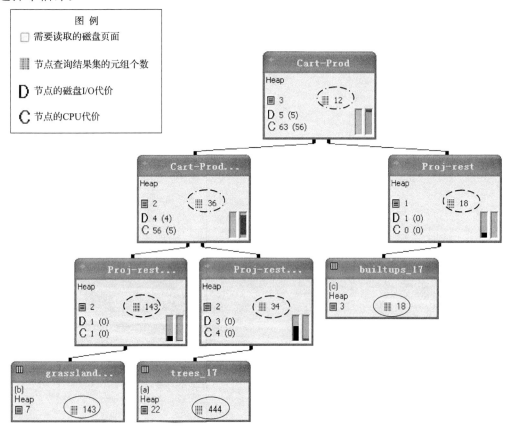

图 5-30　有直方图的查询计划

图 5-30 中的查询计划的执行时间是 3 秒。通过对比，我们可以看出，累计 AB 直方图产生了派生的新直方图并且参与了上层的查询结果的选择率估计。另外，由于使用累计 AB 直方图的选择率优越性，它使得选择优化的查询计划成为可能。通过上述两个查询计划的对比，有累计 AB 直方图的查询计划节省了大量的执行时间。

5.7　小　　结

本章提出了一个更为通用而且实用的空间直方图（累计 AB 直方图），为空间选择和空间连接操作提出了选择率估计模型，讨论了直方图的向上层结点的派生演化。累计 AB 直方图列以实现大部分空间操作选择率的准确估计，可以方便集成到传统数据库管理系统中。最后，派生的上层节点直方图支持查询树中父节点选择率的估计。累计 AB 直方图可以帮助查询优化器选择一个合理优化的执行方案。

为了更好地节省估计时间，我们经常使用模型 1 估计连接操作的选择率。当然，我们也试图使用了更为复杂的公式来模拟查询矩形的结果。然而，有时复杂的公式可能会有更为精确，但是往往以时间消耗为代价。所以，有必要进一步发展描述 MBR 分布的方法改善累计 AB 直方图的估计。另外，ST_Overlaps 的选择率估计的正确度不是很高，有必要进一步研究 ST_Overlaps 的选择率估计。

第 6 章　总结与展望

空间数据具有数量庞大、数据结构复杂、操作代价昂贵等特点，导致空间查询优化是空间查询应用的难点和突破点。本书在这样的背景下，基于较流行的二进制大对象的存储机制和现有空间查询优化方法与理论基础，在优化几个关键难题上提出新的基于代价的优化策略，并在开源数据库 Ingres 中进行了实证研究，为空间数据库管理系统的查询优化在理论方法上做出了贡献。

6.1　内容总结和结论

本书的核心研究内容是基于执行代价的空间查询优化方法研究，主要研究空间查询优化流程中的三个关键核心问题。

1. 空间计划生成方法

空间计划生成方法在当前并没有得到充分的重视和研究，但是作为空间查询优化的关键环节，枚举出来的备选计划直接影响到后面最终计划的选择。关系型数据库管理系统的计划生成方法研究很多，也很成熟，但是并不能直接运用这些方法枚举空间计划。

空间查询优化流程应该与传统关系数据库管理系统的流程保持一致，因此本书第 3 章详细分析了国内外关系数据库管理系统的各种计划生成方法。通过对比，决定采用穷举法和动态规划法相结合的方法来设计空间计划枚举方法。随后，文中详细介绍了穷举法的计划树形生成方法，包括：唯一树形生成、基于排序的表排列枚举算法的设计和实现。当表的数目很大的时候，计划树形枚举出来的个数非常巨大，极大影响查询优化的效率。因此本章设计了减少计划树形搜索空间的启发式策略，包括基于动态规划思想的剪枝法、等价类规则、空间约束对规则和空间索引的放置规则等。这些启发式策略可以很好地减少查询计划的搜索空间。

此外，操作枚举是空间计划枚举的重要步骤。操作枚举主要采用遍历穷举的思想，包括三方面的枚举：左右子树数据结构的枚举、左右子树数据结构的遍历连接、连接字段的枚举。对于空间数据，由于其数据结构枚举的复杂性以及对内存 CPU 要求高的特点，我们认为空间数据结构的格式转化并不可取，所以本步骤只是对于传统的数据结构的枚举进行描述。而对于连接字段的枚举，一个连接节点可能有多个等价类参与，本书3.2.3 的第 3 小节对等价类参与的优先级进行了设计。

2. 空间代价评估模型

现阶段流行的空间代价评估模型主要依赖于空间索引的存在，例如基于 R-树索引的研究很多。此种类型研究的方法需要依赖于索引的存在，对于没有索引存在的空间检索就不能进行代价估计。而且基于 R-树的空间代价计算大量使用了统计概率方法，其得出的统计数据的精度不是很高。

由于空间代价评估模型需要与关系代价评估模型相一致(Güting, 1994)，并且需要一个实现测试的载体，本书第 2 章提出了空间模型在 Ingres 中的设计与实现。本书第 4 章系统地阐述了开源 Ingres 中代价模型的计算方法，对空间代价模型存在的问题进行了阐述和分析。第 4 章以空间选择率为核心展开代价的评估工作，提出了空间属性一体化的代价模型，采用了当前空间数据存储的通用环境作为基本条件，并且在 Ingres 现有数据存储原理和查询操作基础上进行设计。实验表明第 4 章提出的空间代价模型是有效可行，且该代价模型能够与属性代价模型良好的结合起来，共同辅助数据库优化器来选择较优的查询计划。

3. 空间直方图

空间直方图的研究资料也很多，方法种类很多。但是很多方法都是基于统计方法来进行预测，预测的结果精度很低。经典的 CD 直方图和欧拉直方图可以进行比较精确的选择率估计，但是它们只能进行相交和相离操作的选择率估计。拓展的欧拉直方图、PH 以及 GH 直方图可以近似估计空间拓扑关系的选择率，而且 PH 和 GH 直方图还可以估计空间连接操作，但是模型的健壮性很差，选择率的估计值精度不高，只能对符合某些规律的数据具有较高的估计精度。

本书第 5 章提出了一个通用的累计 AB 直方图，为空间选择和空间连接操作提供更为精确的选择率估计值，研究了直方图的向上层结点的派生演化及其选择率估计值。第 5 章介绍了累计 AB 直方图的原理及其构建方法。随后举例说明了累计 AB 直方图的使用，详细介绍了精确空间拓扑谓词(ST_Contains、ST_Within、ST_Intersects、ST_Crosses、ST_Overlaps 和 ST_Disjoint)的选择率估计算法及空间直方图的推演，并在 Ingres 中实现累计 AB 直方图及其选择率估计。实验表明，累计 AB 直方图可以帮助优化模型选择一个合理优化的执行方案。

6.2　存在的问题与进一步的工作

本书在前人研究的基础上，通过研究，取得了一些成果。但是，由于作者精力和时间的限制，有些细节还有待继续完善，有些观点也有待进一步考证。有待进一步研究的工作主要包括以下几点。

(1) 需要完善空间代价评估模型，设计合理的代价空间代价权重因子。权重因子可以考虑用两种方法实现：①深入分析传统数据库查询的算子与空间算子时间复杂度，用具体的计算量作为比较的标准；②在后台数据库中，加入统计信息，让数据库具有自我纠正功能，对一定时期内特定的查询进行统计，自动生成权重因子。

(2) 本书提出的累计 AB 直方图需要占用较大的内存，虽然现阶段计算机硬件条件可以满足需要，累计 AB 直方图仍然可以进行压缩。另外，ST_Overlaps 的选择率估计的正确度不是很高，有必要进一步研究 ST_Overlaps 的选择率估计。

（3）累计 AB 直方图从理论上可以应用到所有的空间关系（拓扑关系、范围关系和度量关系）的选择率估计中，也可以扩展到三维的空间关系的选择率应用中，但是由于精力和时间有限，需要下一步继续研究和实现。

空间查询性能是空间数据库管理系统的核心竞争力之一，也是其发展所必须着眼的重要问题；并且查询优化模块也是数据库管理系统查询流程中最为复杂的一块。本书针对空间数据、空间操作、空间查询的特点，在空间查询优化的相关基础算法和理论方面做了些工作，发展、完善 GIS 的数据管理的理论体系，希望能为后续从事空间数据库内核研究的人员奠定一些基础，提供一丝启发，也期望相关的基础算法和理论可以长远地服务于空间数据管理的研究或其他一些不可预知领域的研究。

参 考 文 献

陈海珠.2004.空间查询优化研究.重庆大学硕士学位论文.

陈秋莲,杨颖,杨磊.2007.基于草图的分布式数据流聚集查询的研究.计算机应用研究,24(5):41-43&55.

陈永亮.2007.一种改进的空间连接代价模型[D],哈尔滨工程大学博士学位论文.

程昌秀.2012.空间数据库管理系统概论.北京:科学出版社.

程昌秀,陆锋.2005.三种地理几何数据模型的应用分析.地球信息科学,7(3):12-15,20.

程昌秀,陈荣国,朱焰炉.2010.一种基于窗口查询的空间选择率估算方法.武汉大学学报(信息科学版),35(4):399-402.

方裕,楚放.2001.空间查询优化.中国图象图形学报,6(4):307-314.

龚健雅.2000.空间数据库管理系统的概念与发展趋势.测绘科学,26(3):4-9.

龚健雅,朱欣焰,朱庆,等.2000.面向对象集成化空间数据库管理系统的设计与实现.武汉测绘科技大学学报,25(4):289-293.

郭平,陈海珠.2004.空间查询代价模型.计算机科学,31(12):65-67.

黄铁,张奋.2009.改进的基于R-树的空间连接代价模型.计算机工程与设计,30(7):1691-1693.

蒋苏蓉,石青青,黄志良.2004.空间查询优化.计算机工程与应用,(7):188-190.

陆锋,周成虎.2001a.一种基于Hilbert排列码的GIS空间索引方法.计算机辅助设计与图形学学报,13(5):424-429.

陆锋,周成虎.2001b.一种基于空间层次分解的Hilbert码生成算法.中国图象图形学报:6(5)A:465-469.

宋晓眉,程昌秀,周成虎,陈荣国.2010.利用k阶空间邻近图的空间层次聚类方法.武汉大学学报(信息科学版),35(12):1496-1499.

吴翠娟,李冬.2007.磁盘访问时间的近似计算方法.计算机科学与技术,25(1):51-53.

吴胜利.1998.估算查询结果大小的直方图方法之研究.软件学报,9(4):285-289.

徐平格.2005.数据库管理系统中查询优化的设计和实现[硕士学位论文].杭州:浙江大学图书馆,2005.

颜勋,陈荣国,程昌秀,宋晓眉.2011.内嵌式空间数据库优化器代价评估框架及实现.武汉大学学报(信息科学版),36(6):726-730.

张明波,陆锋,申排伟,程昌秀.2005.R-树家族的演变和发展.计算机学报,28(3):289-300.

张明波,申排伟,陆锋,程昌秀.2004.空间数据引擎关键技术与应用分析.地球信息科学,6(4):80-84.

张志兵,王元珍,李华.2003.基于R-Tree的空间查询代价模型研究.小型微型计算机系统,24(6):1018-1019.

周成虎,朱欣焰,王蒙,施闯,欧阳.2011.全息位置地图研究.地理科学进展,30(11):1331-1335.

Aboulnaga A, Naughton J F. 2000. Accurate estimation of the cost of spatial selections, Proceedings of the 16th International Conference on Data Engineering, 123-134.

An N, Yang Z Y, Sivasubramaniam A. 2001. Selectivity estimation for spatial joins. Proceedings of the 17th International Conference on Data Engineering, 368-375.

Aref W, Samet H. 1994. A Cost Model for Query Optimizati on Using R-Trees. Proceedings of the Second ACM Worksh op on Advances in Geographic Information Systems (ACM-GIS), 60-67.

Arge L, Procopiuc O, Ramaswamy S, et al. 1998. Scalable Sweeping-Based Spatial Join. Proceedings of the VLDB Conference, 570-581.

Balbine D G. 1967. Note on random permutations. Mathematics of Computation, (21):710-712.

Bayer R, McCreight E. 1970. Organization and Maintenance of Large Ordered Indices. Proceedings of 1970 ACM-SIG-FTDET Workshop on Data Description and Access, 107-141.

Beckmann N, Kriegel H P, Schneider R, Seeger B. 1990. The R * -tree: An efficient and robust access method for points and rectangles. Proceedings of SIGMOD, 322-331.

Beigel R, Tanin E. 1998. The geometry of browsing. Proceedings of the Latin Ameriacn Symposium on Theoretical Informatics, 331-340.

Belussi A, Faloutsos C. 1995. Estimating the selectivity of spatial queries using the correlation's fractal dimension. Proceedings of the 21st International Conference on Very Large Data Bases, 299-310.

Bennett K, Ferris M, Ioannidis Y. 1990. A genetic algorithm for database query optimization. Technical Report Tech. Report 1004, University of Wisconsin.

Bennett K, Ferris M, Ioannidis Y. 1991. A genetic algorithm for database query optimization. Proceedings of 4th International Conference on Genetic Algorithms, 400-407.

Bentley J L. 1980. Multidimensional Divide and Conquer. Communications of the ACM, 23(4): 214-229.

Bentley J L, Ottmann T. 1979. Algorithms for Reporting and Counting Geometric Intersections. Proceedings of IEEE Trans. Computers, 643-647.

Berg M D, Kreveld M V, Overmars M, Schwarzkopf O C. 1997. Computational Geometry-Algorithms and Applications. Springer-Verlag.

Brakatsoulas S, Pfoser D, Theodoridis Y. 2002. Revisiting R-tree construction principles. Proceedings of the 6th ADBIS,Bratislava, Slovakia , 149-162.

Breitling W. 2004. A Look Under The Hood Of CBO: The 10053 Event. First Edition. Calgary: Centrex Consulting Corporation, 1-19.

Brinkhoff T, Kriegel H P, Schneider R, Seeger B. 1994. Multi-Step Processing of Spatial Joins. Proceedings of ACM SIGMOD Conf, 197-208.

Brinkhoff T, Kriegel H P, Seeger B. 1993. Efficient Processing of Spatial Joins Using R-trees. Proceedings of the ACM SIGMOD Conference, 237-246.

Chen C M, Roussopoulos N. 1994. Adaptive selectivity estimation using query feedback. Proceedings of ACM SIGMOD Conf, 161-172.

Cheng C X, Song X M, Zhou C H. 2013. Generic cumulative annular bucket histogram for spatial selectivity estimation of spatial database management system, International Journal of Geographical Information Science, 27(2): 339-362.

Cheng C X, Zhou C H, Chen R G et al. 2011. The Generic Annular Bucket Histogram for Estimating the Selectivity of Spatial Selection and Spatial Join. Geo-Spatial Information Science. 14(4): 262-273.

Clementni E, Difelice P. 1994. A Comparison of Methods for Representing Topological Relationships, Information Sciences, 80: 1-34.

Clementni E, Difelice P. 1996. A Model for Representing Topological Relationships Between Complex Geometric Features in Spatial Databases. Information Sciences, 90(1-4) : 121-136.

Comer D. 1979. The Ubiquitous B-tree. Computing Surveys, 11(2): 121-138.

Cormen T, Leiserson C, Rivest R, Stein C. 2001. Introduction to Algorithms. MIT Press. 2nd Edition.

Corral A, Vassilakopoulos M, Manolopoulos Y. 2001. The Impact of Buffering on Closest Pairs Queries Using R-Trees. Proceedings of ADBIS, 41-54.

Das A, Gehrke J, Riedewald M. 2004. Approximation Techniques for Spatial Data. Proceedings of SIGMOD 2004, 695-706 .

Dietz P. 1989. Optimal algorithms for list indexing and subset ranking. In Workshop on Algorithms and Data Structures (LNCS 382), 39-46.

Durstenfeld R. 1964. Algorithm 235: Random permutation. Communications of the ACM, 7(7): 420.

Egenhofer M J, Franzosa R. 1991a. Point Set Topological Spatial Relations. International Journal of Geographical Information Systems, 5(2): 161-174.

Egenhofer M J, Herring J. 1991b. Categorizing binary topological relationships between regions, lines and points in geographic databases, Tech. Report 91-7, National Center for Geographic Information and Analysis, Santa Barbara, CA.

Faloutsos C, Kamel I. 1994. Beyond Uniformity and Independence: Analysis of R-trees Using the Concept of Fractal Dimension. Proceedings of the 13th ACM Symposium on Principles of Database Systems (PODS).

Faloutsos C, Roseman S. 1989. Fractals for Secondary KEY Retrieval. Proceedings of the ACM Conf on the Principles of Database Systems, 247-252.

Faloutsos C, Seeger B, Traina A. 2000. Spatial join selectivity using power laws. Proceedings of ACM SIGMOD, 177-188.

Faloutsos C, Sellis T K, Roussopoulos N. 1987. Analysis of object oriented spatial access methods. Proceedings of SIGMOD, San Francisco, California, 426-439.

Faloutsos C. 1985. Multiattribute Hashing Using Gray Codes. Proceedings of ACM-SIGMOD Int' l Conf on the Management of Data, Washington, D C, 227-238.

Fegaras L. 1997. Optimizing large OODB queries. Proceedings of International Conference on Deductive and Object-Oriented Databases (DOOD), 421-422.

Fegaras L. 1998. A new heuristic for optimizing large queries. In DEXA, 726-735.

Friedman J H, Bentley J L, Finkel R A. 1977. An Algorithm for Finding Best Matches in Logarithmic Expected Time. ACM Trans. On Mathematical Software, 3(3): 209-226.

Fuchs H, Kedem Z M, Naylor B F. 1980. On visible surface generation by a priori tree structures. ACM SIGGRAPH Computer Graphics, 14, 124-133.

Gargantini I. 1982. An effective way to represent quadtrees. Comm. Of ACM (CACM), December, 25 (12): 905-910.

Gassner P, Lohman G M. 1993. Query Optimization in the IBM DB2 Family. Bulletin of the Technical Committee on Data Engineering, 16(4): 4-18.

Gassner P, Lohman G, Schiefer K. 1993. Query optimization in the IBM DB2 family. IEEE Data Engineering Bulletin, 16, 4-18.

Goldberg D. 1989. Genetic Algorithms in Search, Optimization and Machine Learning. Addison-Wesley.

Guttman A. 1984. R-trees: A Dynamic Index Structure for Spatial Searching. Proceedings of ACM SIGMOD Conference.

Günther O. 1993. Efficient Computation of Spatial Joins. Proceedings of the ICDE Conference, 50-59.

Güting R H. 1994. GraphDB: Modeling and Querying Graphs in Databases. VLDB, 297-308.

Hass P J, Swami A N. 1992. Sequential sampling procedures for query size estimation. Proceedings of ACM SIGMOD Conference.

Heap B R. 1963. Permutations by Interchanges. Computer, 293-294.

Henrich A. 1998. The LSDh-Tree: An Access Structure for Feature Vectors. Proceedings of the 14th International Conference on Data Engineering, 362-369.

Hilbert D. 1891. Uber die steitige Abbildung einer Linie auf ein Flachenstuck. Math Ann, 38.

Howard P. 2003. Database Performance IBM Oracle & Microsoft an evaluation First Edition Redwood: Oracle Corporation, 6-15.

Huang P W, Lin P L , Lin H Y. 2001. Optimizing storage utilization in R-tree dynamic index st ructure for spatial databases. Journal of Systems and Software, 55 (3): 291-299.

Ioannidis Y E, Kang Y C. 1990. Randomized algorithms for optimizing large join queries. Proceedings of the ACM SIGMOD Conference on Management of Data, 312-321.

Ioannidis Y E, Wong E. 1987. Query optimization by simulated annealing. Proceedings of the ACM SIGMOD Conference on Management of Data, 9-22.

Ioannidis Y E, Poosala V. 1996. Improved histograms for selectivity estimation of range predicates. Proceedings of

ACM SIGMOD Conference.

Jin J，An N，Sivasubramaniam A. 2000. Analyzing Range Queries on Spatial Data. Proceedings of the IEEE International Conference on Data Engineering(ICDE)，525-534.

Kamel I，Faloutsos C. 1993. On packing R-trees. Proceedings of CIKM, Washington, DC, USA, 490-499.

Kamel I，Faloutsos C. 1994. Hilbert R-tree ：An improved R-tree using fractals. Proceedings of the 20th VLDB, Santiago,Chile，500-509.

Kooi R P. 1980. The optimization of queries in relational databases. PhD thesis, Case Western Reserver University.

Kossmann D，Stocker K. 2000. Iterative dynamic programming：a new class of query optimization algorithms. ACM Trans. On Database Systems，25(1)：43-82.

Koudas N，Sevcik K. 1997. Size Separation Spatial Join. Proceedings of the ACM SIGMOD Conference，324-335.

Leutenegger S T，Lopez M A. 1998. The Effect of Buffering on the Performance of R-Trees. Proceedings of the 14th IEEE Conference on Data Engineering (ICDE).

Liebehenschel J. 1997. Ranking and unranking of lexicographically ordered words：An average-case analysis. J. of Automata,Languages，and Combinatorics，2，227-268.

Liebehenschel J. 1998. Lexicographical generation of a generalized dyck language. Technical Report 5/98，University of Frankfurt.

Liebehenschel J. 2000. Lexikographische Generierung，Ranking und Unranking kombinatorisher Objekt：Eine Average-Case Analyse. PhD thesis，University of Frankfurt.

Lipton R J，Naughton J F，Schneider D A. 1990. Practical selectivity estimation through adaptive sampling. Proceedings of ACM SIGMOD Conf, 1-11.

Liu Q，Lin X M，Yuan Y D. 2005. Summarizing Spatial Relations-A Hybrid Histogram. Springer-Verlag Berlin Heidelberg，464-476.

Liu Q，Yuan Y D，Lin X M. 2003. Multi-resolution Algorithms for Building Spatial Histograms. Proceedings of the 14th Australasian database conference，145-151.

Lo M L，Ravishankar C V. 1994. Spatial Joins Using Seeded Trees. Proceedings of the ACM SIGMOD Conference，209-220.

Lo M L，Ravishankar C V. 1996. Spatial Hash-Joins. Proceedings of the ACM SIGMOD Conference，247-258.

Mamoulis N，Papadias D. 2003. Slot Index Spatial Join. IEEE Transactions on Knowledge and Data Engineering (TKDE),15(1)：211-231.

Mamoulis N，Theodoridis Y，Papadias D. 2005. Spatial Joins：Algorithms，Cost Models and Optimization Techniques. Proceedings of Spatial Databases. 155-184.

Moerkotte G，Neumann T. 2006. Analysis of two exciting and one new dynamic programming algorithm for the generation of optimal bushy join trees without cross products. Proceedings of the 32nd International Conference on Very Large Data Bases，930-941.

Morzy T，Matyasiak M，Salza S. 1994. Tabu search optimization of large join queries. Proceedings of the International Conference on Extending Database Technology (EDBT)，309-322.

Moses L，Oakland R. 1963. Tables of Random Permutations. Stanford University Press.

Myrvold W，Ruskey F. 2001. Ranking and unranking permutations in linear time. Information Processing Letters，79(6)：281-284.

Nievergelt J，Hinterberger H，Sevcik K C. 1984. The grid file：an adaptable，symmetric multiKEY file structure. ACM TODS, 9(1)：38-71.

Omohundro S M. 1987. Efficient Algorithms with Neural Network Behaviour. Journal of Complex System，1(2)：273-347.

Ono K，Lohmann G. 1990. Measuring the complexity of join enumeration in query optimization. Proceedings of International Conference on Very Large Data Bases(VLDB)，314-325.

Orenstein J A. 1986. Spatial Query Processing in an Object-Oriented Database System. Proceedings of ACM SIGMOD Int' l Conf on the Management of Data, 326-336.

Orenstein J. 1989. Redundancy in Spatial Databases. Proceedings of ACM SIGMOD Conference on Management of Data,294-305.

Pagel B U, Six H W, Toben H, Widmayer P. 1993. Towards an Analysis of Range Query Performance. Proceedings of the 12th ACM Symposium on Principles of Database Systems (PODS), 214-221.

Pagel B U, Six H W, Winter M. 1995. Window Query-Optimal Clustering of Spatial Objects. Proceedings of the 14th ACM Symposium on Principles of Database Systems (PODS), 86-94.

Palvia P, March S T. 1984. Approximating block accesses in database organizations. Information processing letters, 19(2):75-79.

Papadopoulos A N, Rigaux P, Scholl M. 1999. A Performance Evaluation of Spatial Join Processing Strategies. Proceedings of the Symposium on Large Spatial Databases (SSD), 286-307.

Patel J M, DeWitt D J. 1996. Partition Based Spatial-Merge Join. Proceedings of the ACM SIGMOD Conference, 259-270.

Peano G. 1890. Sur une courbe, qui remplit toute une aire plane. Math Ann, 36.

Point in polygon. 2012. [Online] Available: http://en. wikipedia. org/wiki/Point_in_polygon♯cite note-0 (6 March,2012).

Poosala V. 1997. Histogram-based estimation techniques in databases. PhD thesis, Univ. of Wisconsin-Madison.

Procopiuc O, Agarwal P K, Arge L, Vitter JS. 2003. Bkd-tree: a dynamic scalable kd-tree. Advances in Spatial and Temporal Databases, Berlin / Heidelberg, Germany: Springer, 46-65.

Reingold E M, Nievergelt J, Deo N. 1977. Combinatorial algorithms: theory and practice. Prentice Hall College Div.

Rigaux P, Scholl M, Voisard A. 2002. Spatial Databases: With Application to GIS, Morgan Kaufmann, San Mateo, CA.

Robinson J T. 1981. The K-D-B-tree: A search structure for large multidimensional dynamic indexes. Proceedings of SIGMOD International Conference on Management of Data, 10-18.

Rotem D. 1991. Spatial Join Indices. Proceedings of the International Conference on Data Engineering (ICDE), 500-509.

Rothnie J B, Lozano T. 1974. Attribute Based File Organization in a Paged Memory Environment. Communication of the ACM, 17(2): 63-69.

Roussopoulos N, Leifker D. 1985. Direct spatial search on pictorial databases using packed R-trees. Proceedings of ACM SIGMOD, Austin, TX, 17-31.

Samet H. 1984. The quadtree and related hierarchical data structures. ACM Computing Surveys, 16(2): 187-260.

Samet H. 1989. The Design and Analysis of Spatial Data Structures. Addison-Wesley.

Schroeder M. 1991. Fractals, Chaos, Power laws: Minutes from an Infinite paradise. W. H. Freeman and Company, New York.

Selinger P G, Astrahan M M, Chamberlin D D, Lorie R A, Price T G. 1979. Access path selection in a relational database management system, Proceedings of the 1979 ACM SIGMOD international conference on Management of data, May 30-June 01, 1979, Boston, Massachusetts.

Sellis T K, Roussopoulos N, Faloutsos C. 1987. The R+-tree: A dynamic index for multi-dimensional objects. Proceedings of the 13th VLDB, Brighton, England, 507-518.

Shamos M I, Hoey D J. 1976. Geometric intersection problems. Proceedings of the 17th Annu. Conf Foundations of Computer Science, 208-215.

Shekhar S, Chawla S. 2003. Spatial Database: a Tour, Prentice-Hall, Upper Saddle River, NJ, 2003.

Shekita E, Young H, Tan K L. 1993. Multi-join optimization for symmetric multiprocessors. Proceedings of International Conference on Very Large Data Bases (VLDB), 479-492.

Silpa-Anan C, Hartley R. 2005. Visual localization and loop-back detection with a high resolution omnidirectional camera Workshop on OmnidirectionalVision.

Song X M, Cheng C X, Zhou C H. 2010. Research on permutation generation algorithm based on sorting. Proceedings of of 2nd International Conference on Information Science and Engineering, 7410-7413.

Steinbrunn M, Moerkotte G, Kemper A. 1997. Heuristic and randomized optimization for the join ordering problem. The VLDB Journal, 6(3): 191-208.

Stillger M, Lohman G, Markl V. et al 2001. LEO-DB2's Learning Optimizer. in: Peter M. G. Apers, Paolo Atzeni, Stefano Ceri, et al. , eds. Proceedings of the 27th VLDB Conference. Roma, Italy. 2001. San Francisco: Morgan Kaufmann Publishers Inc. , 19-28.

Sun C, Agrawal D, E l Abbadi A. 2006. Exploring spatial datasets with histograms, Distributed and Parallel Databases, 20(1): 57-88.

Sun C, Agrawal D, El Abbadi A. 2002. Selectivity for spatial joins with geometric selections. Proceedings of EDBT, 609-626.

Swami A, Gupta A. 1988. Optimization of large join queries. Proceedings of the ACM SIGMOD Conference on Management of Data, 8-17.

Swami A, Iyer B. 1992. A polynomial time algorithm for optimizing join queries. Proceedings of the IEEE Conference of Data Engineering, 345-354.

Swami A. 1989. Optimization of large join queries: Combining heuristics and combinatorial techniques. Proceedings of the ACM SIGMOD Conference on Management of Data, 367-376.

Theodoridis Y, Sellis T. 1996. A Model for the Prediction of R-tree Performance. Proceedings of the 15thACM SIGACT-SIGMOD-SIGART ,161-171.

Theodoridis Y, Stefanakis E, Sellis T. 1998. Cost models for join queries in spatial databases. Proceedings of International Conference on Data Engineering (ICDE), 476-483.

Theodoridis Y. 2000. Efficient cost models for spatial queries using R-Trees. IEEE Transactions on Knowledge and Data Engineering, 12(1): 19-32.

Tompkins C. 1956. Machine attacks on problems whose variables are permutations. Proceedings of Symposia in Applied Mathematics. Vol. VI. Numerical analysis (pp. 195-211).

Vance B, Maier D. 1996. Rapid bushy join-order optimization with Cartesian products. Proceedings of the ACM SIGMOD Conference on Management of Data, pages 35-46.

Vance B. 1998. Join-order Optimization with Carteestian Products. PHD thesis, Oregon Graduate Institute of Science and Technology.

Waas F, Pellenkoft A. 1999. Probabilistic bottom-up join order selection-breaking the curse of NP-completeness. Technical Report INS-R9906, CWI.

Waas F, Pellenkoft A. 2000. Join order selection-good enough is easy. In BNCOD, 51-67.

Worboys M F. 1995, GIS—A Computing Perspective, Taylor & Francis, London.

Wu Y. 2001. Query Result Estimation in Database: [Doctoral Dissertation] . University of California Santa Barbara.